U0176362

CHENGXIANG ZIDONG MUBIAO SHIBIE DE
BINGXINGHUA SHIXIAN JISHU

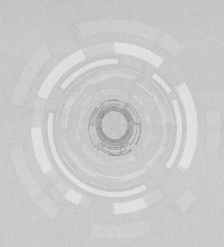

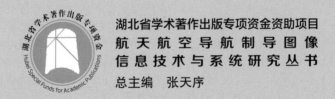

湖北省学术著作出版专项资金资助项目
航天航空导航制导图像
信息技术与系统研究丛书
总主编　张天序

成像自动目标识别的
并行化实现技术

钟　胜　颜露新　王建辉　徐文辉　　著

华中科技大学出版社
http://www.hustp.com
中国·武汉

内 容 简 介

本书简要介绍了成像自动目标识别设计的相关知识背景、应用场合以及目前面临的困难。结合本书作者在该领域的工作,详细介绍了成像自动目标识别过程中部分典型算法的并行化实现技术。模式识别、计算机视觉技术方面的发展日新月异。在实际应用中,算法的实现方式常常落后于算法的发展。算法适应性与实时性难以满足实际应用需求的矛盾成为制约其应用的主要原因,算法并行化技术为解决该问题提供了有效的途径。本书介绍了成像自动目标识别过程中典型算法的并行化实现技术,有效解决了实际应用中对算法适应性和实时性的矛盾。算法并行化实现技术为算法实现提供了有效途径,大大扩展了其应用范围。

本书可供学习成像自动目标识别算法及并行化的研究人员使用,也可为相关领域设计人员提供相关参考。

图书在版编目(CIP)数据

成像自动目标识别的并行化实现技术/钟胜等著 . —武汉:华中科技大学出版社,2020.6
(航天航空导航制导图像信息技术与系统研究丛书)
ISBN 978-7-5680-5783-7

Ⅰ.①成…　Ⅱ.①钟…　Ⅲ.①图像识别-自动识别-研究　Ⅳ.①TP391.4

中国版本图书馆 CIP 数据核字(2020)第 096559 号

成像自动目标识别的并行化实现技术　　　　　　　　钟　胜　颜露新
Chengxiang Zidong Mubiao Shibie de Bingxinghua Shixian Jishu　　王建辉　徐文辉　　著

策划编辑:范　莹　陈元玉
责任编辑:余　涛
装帧设计:原色设计
责任校对:刘　竣
责任监印:徐　露

出版发行:华中科技大学出版社(中国·武汉)　　　电话:(027)81321913
　　　　　武汉市东湖新技术开发区华工科技园　　　邮编:430223
录　　排:武汉市洪山区佳年华文印部
印　　刷:湖北新华印务有限公司
开　　本:710mm×1000mm　1/16
印　　张:10.5
字　　数:215 千字
版　　次:2020 年 6 月第 1 版第 1 次印刷
定　　价:88.00 元

本书若有印装质量问题,请向出版社营销中心调换
全国免费服务热线:400-6679-118　竭诚为您服务
版权所有　侵权必究

《总序》

发展航天航空技术，是民族智慧、经济实力、综合国力的重要体现，不仅提高了我国的国际威望，而且提升了全国人民的民族自豪感和自信心，更极大地促进了我国国民经济的发展。近年来，随着我国的"风云""北斗""神舟""嫦娥"等高分辨率对地观测重大航天工程不断取得突破，各种用途的无人飞行器和成像载荷也风起云涌，标志着我国在航天航空等领域取得了长足的进步，已经从"跟跑"到"并跑"，甚至在某些领域开始了"领跑"。

成像探测和图像信息处理作为当今人工智能的热点研究和发展领域之一，吸引着众多研究者投身其中。而在航天航空应用领域中，对自动处理需求有着更强的紧迫性，使得其发展甚至早于其他应用领域。

用于航天航空的精确导航制导包括精确探测、精确控制和配套的地面支持系统。图像信息处理技术的融入，使导航制导如虎添翼。1978年，华中工学院(现华中科技大学)朱九思院长根据国家重大需求和新学科发展前沿趋势，以极具战略前瞻的眼光，在国内率先建立了图像识别与人工智能研究所。在随后的40年里，众多科研工作者在航天航空各总体单位的重大需求牵引下，聚焦成像精确探测和地面支持系统新技术，持续开展了相关应用基础研究工作，取得了丰硕成果。这些成果已广泛应用于各类重大、重点装备中，极大地推动了我国在该领域的技术进步。在这些科研工作中，众多优秀人才也得以成长，已成为相关领域的栋梁。

本丛书涉及以航天航空导航制导为背景的图像信息处理，包括算法、实时处理、任务规划和新型成像传感器设计等内容。这些具体的研究领域，在航天航空制导等方面都面临着重大的理论问题和工程技术问题，本丛书的作者们通过承担多项实际研究工作和多年的潜心研究，在理论和实践上都取得了很大的进展。

本丛书作者将自己的研究成果相继结集出版，展示自己的学术/技术风采，为本技术领域的发展留下一些痕迹，以作为相关领域科研人员、研究生和管理人员的参考书，进一步推动航天航空和图像信息处理领域的融合发展，用实现"航天航空梦"助力"中国梦"，为国家作出更大的贡献。

张天序

2018年3月28日

《前言》

成像自动目标识别属于人工智能领域的一个重要分支，其具体任务是通过一定的信息处理手段，从各种成像传感器所获取的信息中获得关于目标位置和属性的知识。

成像自动目标识别应用广泛，如视频分析领域，常需要将处理结果作用于车辆和飞行器的实时控制系统，引导车辆的行驶或者飞行器的飞行。无论哪种应用，都对处理速度有着较高的要求。随着图像分辨率越来越高、帧频越来越快，对处理速度的需求也越发强烈。随着半导体技术的进步、计算机性能的提升、单指令多数据指令和新型处理器(如GPU)的出现，这种需求在一定程度上得到了满足。然而，随着处理任务的日益复杂，对更高性能的不断追求，以及嵌入式应用对体积和功耗的限制，原有的计算体系结构已无法满足要求，使得更多并行计算结构应运而生，并逐渐集成到处理器中，人工智能处理的低功耗嵌入式实时实现就有了可能。

本书涉及内容主要围绕成像自动目标识别的多个典型步骤，以耗时计算为主攻方向，结合具体的案例描述多个不同算法单元并行结构的实时实现。本书涉及的并行实时实现，均使用FPGA等器件完成了验证，其实时实现的电路逻辑都具有重要的价值，为未来智能化SoC（单片系统）芯片的设计提供了支持和参考。这些案例都是作者及其科研团队多年来的科研实践总结，除了列出的作者以外，王波、陈朝秀、王斌、金明智、陈大川、康烈等也为本书的写作作出了贡献。

这些实际的科研工作，有很多是应航天航空国家重大科研需求完成的，部分成果已应用于各类重大、重点装备中，推动了我国在该领域的技术进步。这些科研工作得到了张天序教授、曹治国教授和桑农教授的大力支持，取得的成果与华中科技大学人工智能与自动化学院、图像识别与人工智能研究所、多谱信息处理技术国家级重点实验室良好的科研氛围和各级领导的大力支持密不可分。作者希望通过将自己的成果进行整理并分享给读者，来为本技术领域的发展留下一些痕迹，也希望能为相关领域科研人员、研究生和管理人员提供参考。

作者

2019年11月

目　　录

第 1 章　绪　　论

自然场景和复杂背景条件下的自动目标识别（automatic target recognition，ATR）是研究利用各种传感器（声、光、电、磁传感器等），特别是成像传感器，如可见光、红外线、合成孔径雷达、逆合成孔径雷达、激光雷达、多谱或超谱传感器等，从客观世界中获取目标/背景信号，并使用光/电子及计算机信息处理手段自动地分析场景、检测、识别感兴趣的目标及获取目标各自定性、定量性质的科学技术领域。它的理论、模型、方法和技术是各种工作在自然场景中的复杂系统自动化、智能化的基础。

成像自动目标识别在军事上有很重要的应用，是现阶段和未来武器发展的重要组成部分。在侦查、监视，特别是无人机侦查监视应用中，ATR 可实现感兴趣目标的自动检测、跟踪等。在精确制导武器中，ATR 可极大提高武器的自主作战能力，实现"打了不管"，自动精确打击的要求。成像自动目标识别技术在民用领域也有广泛的应用，基于生物特征的自动身份识别，如指纹识别、虹膜识别、人脸识别等已经应用到生活的很多方面。在智能交通管理系统中，ATR 用于交通异常检测，可实现智能管理。在遥感遥测系统中，ATR 用于快速检测矿藏、森林火灾和环境污染等。

随着自动目标识别技术的快速发展以及应用的不断扩展，面临的挑战越来越严峻，体现在以下几个方面：

（1）应用场景越来越复杂，需要 ATR 系统具备更强的适应性和鲁棒性；

（2）在面对变化的复杂背景时，ATR 系统必须保持低的虚警率和实时运行能力；

（3）实际应用对 ATR 系统的功耗、体积要求越来越苛刻，ATR 系统需要具备小体积、低功耗的特点。

因此，自动目标识别技术的发展不仅需要理论和新算法的进步，同时也需要 ATR 系统实现方式的革新。

1.1　成像自动目标识别

成像自动目标识别的本质是计算机自动完成目标检测并进行分类的过程，涉及图像滤波、图像增强、图像分割、图像变换、特征提取、特征选择、图像匹配等。典型的 ATR 系统处理流程如图 1.1 所示，主要包括图像数据采集、预处理、图像分割、目标检测、特征提取与目标识别。

一般来说，成像传感器获取的图像数据有较大的噪声，为了去除噪声的干扰，增强目标区域的特征，需要对图像数据进行预处理。常见的预处理方法有直方图均衡

图 1.1 典型 ATR 处理流程

化、灰度拉伸、中值滤波、高斯滤波以及各自边缘锐化算法。目标检测是将感兴趣区域从背景中提取出来的过程,通常采用图像分割的方法。比较常见的方法包括基于形态学滤波的分割方法、基于边缘检测的分割方法和基于阈值选取的分割方法等。目标识别的实现一般是先对感兴趣区域进行特征提取,在此基础上对目标进行识别分类。典型的目标识别算法包括:基于统计(statistic based)的识别算法、基于知识(knowledge based)的识别算法、基于多传感器信息融合(multi-sensor information fusion based)的识别算法和基于学习的识别算法。其中基于学习的识别算法包括人工神经网络(artificial neural network)、支撑向量机(support vector machine),以及最近广受推崇的深度学习(deep learning)算法。

1.2　算法并行化实现

提高算法并行度是提高算法实时性的重要途径,合理的并行化结构能极大地提高算法的计算效率。算法并行化实现架构有很多,有基于单片 FPGA 的硬件加速框架、基于 FPGA(field programmable gate array,现场可编程门阵列)＋DSP(digital signal processing,数字信号处理)的协同处理框架、基于 FPGA＋ASIC(application specific integrated circuit,专用集成芯片)的协同处理框架、基于 FPGA＋DSP＋ASIC 的协同处理框架等。

1.2.1　FPGA

FPGA 是由掩膜可编程门阵列和可编程逻辑器件二者演变而来,所以既有可编程门阵列的高逻辑密度和通用性,又有可编程逻辑器件的用户可编程特性,在实现小型化、集成化和高可靠性的同时,减小了设计风险,降低了成本,缩短了产品研制周期。它是作为专用集成电路(ASIC)领域中的一种半定制电路而出现的,既解决了定制电路的不足,又克服了原有可编程逻辑器件门电路数量有限的缺点。

目前以硬件描述语言(Verilog 或 VHDL)所完成的电路设计,可以经过简单的综合与布局,快速地烧录至 FPGA 上进行测试,是现代 IC 设计验证的技术主流。这些可编辑元器件可以用来实现一些基本的逻辑门电路(如 AND、OR、XOR、NOT)或者更复杂的组合功能(如解码器或数学方程式)。在大多数 FPGA 里面,这些可编辑的元器件也包含记忆元器件,如触发器(Flip-flop)或者其他更加完整的记忆块。

系统设计师可以根据需要通过可编辑的连接把 FPGA 内部的逻辑块连接起来,

就好像一个电路试验板被放置在了一个芯片里。一个出厂后的成品 FPGA 逻辑块和连接可以按照设计者的要求而改变,所以 FPGA 可以完成所需要的逻辑功能。

一般来说,FPGA 比 ASIC 的速度要慢,无法完成复杂的设计,而且消耗更多的电能,但是也有很多的优点,比如可以快速成品,可以被修改以便改正程序中的错误,而且造价更低。如果使用成本更低但是可编辑能力差的 FPGA,则因为这些芯片的可编辑能力较差,所以这些设计的开发一般是在普通的 FPGA 上完成,然后将设计转移到一个类似于 ASIC 的芯片上。

现在大部分 FPGA 采用基于 SRAM(static random access memory,静态随机存储器)的查找表(look-up table,LUT)的逻辑结构,也就是用 SRAM 来构成逻辑函数发生器,如 Altera 公司的 ACEX、APEX 系列,Xilinx 公司的 Spartan、Virtex 系列等。当用户通过原理图或 HDL(硬件描述语言)描述了一个逻辑电路以后,FPGA 开发软件会自动计算逻辑电路所有可能的结果,并把结果事先写入 RAM(随机存储器)。这样,每输入一个信号进行逻辑运算就等于输入一个地址进行查表,找出地址对应的内容,然后输出即可。下面分别以 Xilinx 和 Altera 的典型 FPGA 为代表介绍其具体结构。

Xilinx Spartan-Ⅱ的芯片结构如图 1.2 所示,主要包括 CLB、I/O 块、RAM 块和可编程连线等。在 Xilinx Spartan-Ⅱ中,一个 CLB 包括两个 Slice,每个 Slices 包括两个查找表、两个 D 触发器和相关逻辑。Slice 可以看成是 Spartan-Ⅱ实现逻辑的最基本结构。

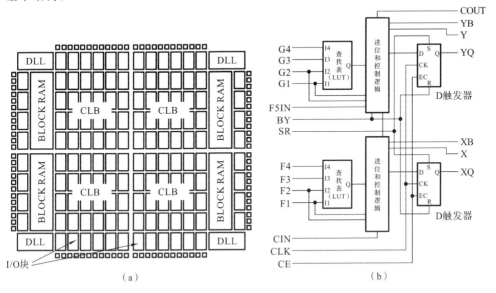

图 1.2　Xilinx Spartan-Ⅱ芯片结构

(a) Xilinx Spartan-Ⅱ芯片内部结构;(b) Slice 结构

Altera 的 FLEX/ACEX 等芯片结构如图 1.3 所示,主要包括 LAB、I/O 块、

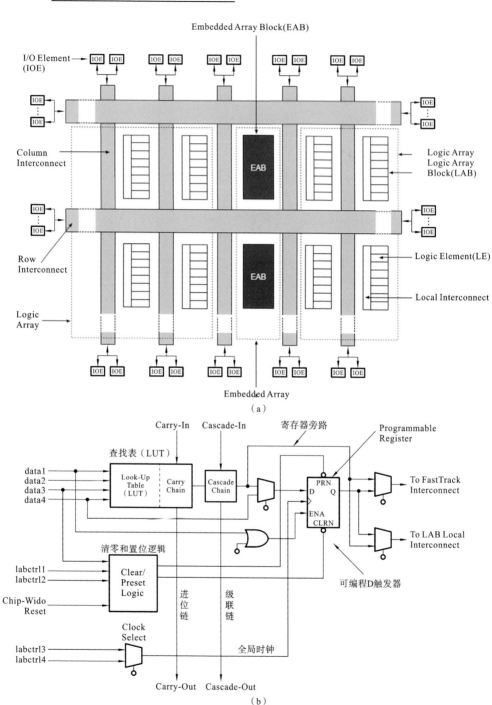

图 1.3 Altera 的 FLEX/ACEX 芯片结构

(a) Altera FLEX/ACEX 芯片的内部结构;(b) 逻辑单元(LE)内部结构

RAM 块和可编程行/列连线。在 FLEX/ACEX 中,一个 LAB 包括 8 个逻辑单元 (LE),每个逻辑单元包括一个查找表、一个触发器和相关的相关逻辑。逻辑单元是 FLEX/ACEX 芯片实现逻辑的最基本结构。

1.2.2 DSP

DSP 以其低功耗、高速、高集成度和高性价比,在军事、工业和民用领域担负越来越重要的任务。DSP 技术是随着数字信号处理技术的发展而发展起来的。它是微电子学、数字信号处理和计算机技术的综合成果。通用型微处理器一般采用的是冯·诺依曼结构,即程序指令和数据共用一个存储空间和单一的地址与数据总线。为进一步提高运算速度,当前的 DSP 都采用了哈佛结构。所谓哈佛结构,就是将程序指令与数据的存储空间分开,各自有其地址与数据总线。这就使得处理指令和数据可以同时进行,从而大大提高了处理效率。DSP 大多采用流水技术。计算机在执行一条指令时,总要经过取指令、译码、访问数据、执行等几个步骤,需要若干个指令周期才能完成。流水技术用于将各指令的执行时间重叠起来。第一条指令取指后,译码时,第二条指令取指;第一条指令访问数据时,第二条指令译码,第三条指令取指……尽管每一条指令的执行时间仍然是几个指令周期,但指令的流水作业使得每条指令的最终执行时间是在单指令周期内完成的。DSP 所采用的哈佛结构为采用流水技术提供了极大的方便。DSP 设置了硬件乘法和累加等专用数字信号处理指令,乘法和累加是数字信号处理算法中的基本运算。DSP 的应用几乎遍及电子学的每一个领域,将 DSP 应用于图像跟踪系统也符合图像跟踪器朝着数字化方向发展的要求。

1.3 基于 FPGA 的算法加速方法

随着大规模可编程逻辑器件越来越多地应用到数字信号处理和数字图像处理领域,传统的设计方法越来越显示出其局限性。因为在数字图像处理领域,芯片需要处理的数据量相当大,为了完成设计功能且保证良好的实时性,这就对设计人员提出了新的挑战,需要采用新的设计方法来提高芯片的处理效率,进而提高系统的处理效率。

在图像自主识别系统中,当 FPGA 用于实现图像处理算法时,根据其内部计算结构的特点,处理流程有两种模式,即时间并行的流水处理结构和空间并行处理结构,如图 1.4 和图 1.5 所示。流水处理结构将算法划分成若干个运算模块,每个运算模块的输入即上一级运算模块的输出,每个运算模块的输出即下一级运算模块的输入。各个运算模块使用相同的时钟信号和复位信号。流水实现方式的基础是流水线中的各个模块工作于同一时钟信号下。我们可以将被流水处理结构所使用的同步时钟信号看作是流水线上的传送带,各级运算模块都工作在此传送带上,而且各级运算模块输出的结果都随此传送带流动,直至最后输出结果。在空间并行处理结构中,同样将算法划分成若干个运算模块,这些运算模块可以具有相同的功能,也可以具有不同的功能。所有这些运算模块可以同时进行相应的处理,最大可能地提高算法执行的并行度,以获得最快的处理速度。

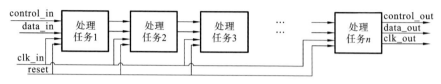

图 1.4　FPGA 时间并行的流水处理结构

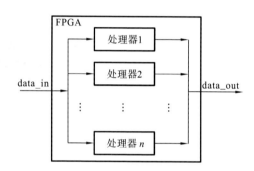

图 1.5　FPGA 空间并行处理结构

当然,在算法的实现过程中并不是将 FPGA 设计成绝对的流水结构或者空间并行处理结构,我们应该尽可能地将时间并行与空间并行结合起来。比如,在图 1.4 中,可以在各个模块的内部实现空间并行结构,或者在图 1.5 中,可以将每一路处理器模块的内部设计成流水结构。总而言之,要充分将算法特性和 FPGA 实现算法时的两种结构结合起来,最大限度地提升系统性能。

本节介绍使用 FPGA 加速算法的设计方法。首先介绍 FPGA 硬件架构设计原则,然后介绍判断算法是否适合 FPGA 加速的原则,如何对算法进行结构优化,最后介绍有限字长效应。

1.3.1　FPGA 硬件架构设计原则

与单片机或传统计算机等顺序计算特性不同,FPGA 以并行运算为主,以硬件描述语言(hardware description language,HDL)编程实现。FPGA 开发需要从顶层设计、模块分层、逻辑实现、软硬件调试等多方面着手。下面简要介绍 FPGA 硬件架构设计的三大基本原则。

1. 硬件可实现原则

使用 HDL 描述硬件电路时,要确保被描述的电路硬件可实现。虽然 Verilog

HDL 的语法与 C 语言的相似,但它们之间有本质区别:C 语言是基于过程的高级语言,编译后可在 CPU 上运行;Verilog HDL 描述的是硬件结构本身,综合后形成硬件电路。因此,有些语句在 C 语言环境中应用没有问题,但在 HDL 环境下会导致结果不正确或者不理想。如:

```
for (i= 0; i< 16; i+ + ) DoSomething();
```

在 C 语言环境中运行没有问题,但在 Verilog HDL 环境下综合可能导致资源严重浪费甚至综合错误。此外,并非所有 Verilog HDL 语句都可综合,在描述硬件电路时需考虑描述代码是否存在对应的硬件结构。

2. 同步设计原则

同步电路和异步电路是 FPGA 设计的两种基本电路。异步电路的最大缺点是会产生毛刺。同步设计的核心电路由触发器构成,其输出在时钟边沿驱动触发器时产生,可以很好地避免产生毛刺。

3. 面积与速度互换

此处的面积是指 FPGA 的芯片资源,包括逻辑资源、存储资源和 I/O 资源等,速度是指 FPGA 运行的最高频率(与 DSP 或 ARM 不同,FPGA 的工作频率不固定,与组合逻辑延迟密切相关)。使用最小面积设计出最高运行频率是开发者追求的目标,但"鱼和熊掌不可兼得",因此需要在速度与面积之间取舍。

(1)速度换面积:速度优势可节约面积。面积越小,意味着可用更低的成本实现功能。速度换面积原则在复杂算法设计中经常使用。在这些算法设计中,流水线是必须用到的技术。在流水线设计中,被重复使用但使用次数不同的模块会占用大量 FPGA 资源。对 FPGA 硬件架构进行改造,将重复使用的算法模块提炼出最小复用单元,并利用基本单元的高速版本代替原设计中被重复使用的模块。改造过程会占用一些其他资源,但只要速度有优势,依然能够达到降低面积的目的。速度换面积的关键是高速基本单元复用。

(2)面积换速度:利用面积的复制提高运行速度。支持的运行速度越高,意味着可达到的性能越高。注重性能的应用领域常利用并行处理技术,实现面积换速度。

1.3.2 算法特性分析原则

并非所有算法都适合使用 FPGA 并行加速,因此在决定使用 FPGA 加速算法之前需要确定算法是否适合使用 FPGA 加速。本书提出以下三条判断标准。

(1)局部可计算性:局部可计算性是使用 FPGA 并行加速非常重要的特性,如不满足局部可计算性要求,则对存储资源的消耗非常大,且不能有效流水与并行加速,使得 FPGA 加速没有优势可言。为了更清楚地阐述局部可计算性的重要性,下面使用两个示例进行说明,即二维模板卷积和直方图均衡。在通用处理器架构下,二维模板卷积的计算量比直方图均衡的高很多。然而二维模板卷积具有局部可计算性,输出结果由模板与当前像素及其邻域像素决定,可以利用 FPGA 对其进行并行及流水操作,使计算速度大幅提升,达到每时钟周期输出一个计算结果的处理速度。直方图均衡是先在图像中统计灰度直方图,然后使用该直方图对每个像素的灰度进行变换,该计算过程并不具备局部可计算性,因此使用 FPGA 完成该功能时,需缓存整幅图像,计算过程无法有效并行/流水化。通过此标准,可判定直方图均衡不适合使用 FPGA 的并行/流水架构加速,更适合使用通用串行处理器进行计算。

(2) 规整性:使用 FPGA 加速算法时,对每个数据的操作需要满足规整性原则。如果操作过于复杂,则不利于流水/并行设计,会导致计算延迟增大、系统时钟频率降低、资源占用率增加,无法满足实时性需求或致成本过高。

(3) 重复性:如果算法不满足重复性原则,则只需对算法进行若干有限次计算,无需使用 FPGA 并行加速,此时,通用处理器同样能满足应用需求,或者采用速度换面积思想降低资源占用率。然而,重复性非常大的算法在通用处理器架构下,计算时间会随计算规模的增加呈线性增长,而在 FPGA 中基本没有额外资源开销,可大大降低计算时间,非常适合使用 FPGA 加速。

综上所述,适合 FPGA 加速的算法需满足局部可计算性、规整性、重复性的原则。如果算法本身不满足这些原则,则可以考虑对算法进行优化,从而满足上述原则。

1.3.3　结构优化

若算法无法满足上述三条判断标准,则需要对算法结构提炼改造,使得上述三条判断标准得以满足。结构优化主要包含以下两种情况。

(1) 等效优化:指优化前后的输出结果完全一致,然而优化后的结构满足局部可计算性、规整性和重复性的结构特点,更适合使用 FPGA 并行加速,大幅提升计算效率。等效优化一般通过将算法中不具备计算依赖性的结构并行化、布尔代数等效简化、因式分解、合并同类项以及等效降维等来实现。下面使用肤色分割作为例子说明等效优化,阐述 FPGA 实现方式与通用处理器实现方式的差别。假设肤色的 RGB 值范围分别为 (R_L, R_H)、(G_L, G_H)、(B_L, B_H)。在肤色分割时,需要判断当前像素的 RGB 值是否在肤色的范围内。

通用处理器中肤色分割采用顺序处理架构,可使用如下代码尽量减少比较次数,提高计算效率,该方法的流程图如图 1.6 所示。该流程首先判断 R 值是否在 (R_L, R_H) 范围内,只有 R 值满足要求的像素点才判断 G 和 B 的值是否满足要求,每个像素的平均判断次数小于 3。

```
for(y=0; y<row; y++){
    for(x=0; x<col; x++){
```

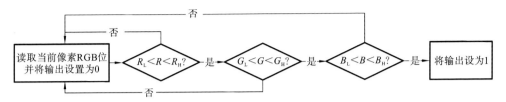

图 1.6　通用处理器中肤色分割的流程图

```
Pix=Img[y][x];
Bin[y][x]=0;
if( Pix.R<=RL|| Pix.R>=RH) continue;
if( Pix.G<=GL|| Pix.G>=GH) continue;
if( Pix.B<=BL|| Pix.B>=BH) continue;
Bin[y][x]=1;
    }
  }
```

该实现方式各颜色分量的计算存在相互依赖关系,不适合使用 FPGA 实现,在使用 FPGA 实现时,需要打破各颜色分量之间的依赖关系,使得各颜色分量可有效并行,从而降低 FPGA 资源占用率、降低处理延时、提高计算速度。其计算结构框图如图 1.7 所示。

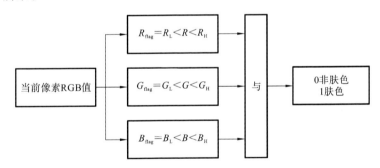

图 1.7　使用 FPGA 完成肤色分割的计算结构框图

使用 FPGA 实现肤色分割的硬件描述代码如下所示。

```
Begin
    Rflag<=(Pix_R>RL && Pix_R<RH);
    Gflag<=(Pix_G>GL && Pix_G<GH);
    Bflag<=(Pix_B>BL && Pix_B<BH);
    Bin<=Rflag & Gflag & Bflag;
End
```

从以上肤色分割的案例可以发现,在 FPGA 中实现肤色分割的比较次数比使用顺序处理器的比较次数多,然而该方式消除了模块间的依赖性,提高了并行度,因此,肤色分割更适合使用 FPGA 实现。更多等效优化实例可参见本书第 3.3.1 小节"SIFT 特征点检测"中的二维高斯滤波器结构优化。首先将二维高斯滤波器等效拆分为两个一维高斯滤波器,降低乘法器数量,然后利用合并同类项的方式进一步降低乘法器数量,为降低行缓存数量,提出先进行列滤波后再进行行滤波,这些都是等效优化的实例。

(2) 近似优化:对原算法提炼改造,消除模块间的计算依赖性、打破全局计算依赖性,使算法中各模块能有效并行化/流水,更适合于 FPGA 并行加速,优化后的算法与原始算法并不完全等效。近似优化需要评估近似架构对算法性能的影响程度,判断是否满足实际应用对性能的要求。

我们使用 5×5 模板中值滤波说明近似优化方法。在 PC 上实现中值滤波时,可先将 5×5 模板内的 25 个像素降维成数组,然后使用快速排序或快速选择方法找出第 13 大的数据作为滤波结果,然而在 FPGA 中实现排序或者快速选择这类算法的复杂度非常高,资源占用率也非常高。此外,5×5 模板中值滤波不存在 3×3 模板中值滤波那样的等效并行化/流水结构,考虑到中值滤波的主要用途是消除椒盐噪声的影响,对是否是准确的中值要求并非特别严格,可以使用图 1.8 所示的架构近似表示 5×5 模板中值滤波模块的架构,该架构利用每 5 个像素中的中值作为整个模板内 25 个像素的中值。分析可知,该架构的输出值在原 25 个像素中的排序在 9 到 17 之间,不能精确保证是第 13 大的数据值。

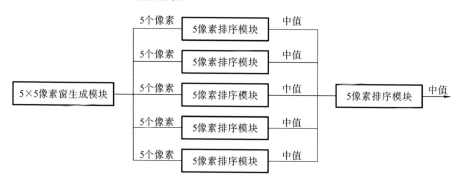

图 1.8 5×5 模板中值滤波模块的近似并行架构

如果测试发现该近似方法不够精确,可以模仿 3×3 模板中值滤波方法,将最大值的最小值、次大值的次小值、中间值的中间值、次小值的次大值、最小值的最大值的中间值作为模板的中间值输出,该方法可保证输出值在原 25 个像素中的排序在第 12 位到第 14 位之间,该方法占用的 FPGA 资源更多。实际应用中可以根据任务需求选择不同的近似方法。

1.3.4　有限字长效应

　　FPGA 适合使用定点运算,然而视觉特征检测与匹配算法中存在较多浮点运算,为了降低 FPGA 资源占用率,需要将浮点计算转化为定点计算。但是使用定点数代替浮点数运算,难免存在有限字长效应。为了尽量降低 FPGA 的资源占用率,需要在不损失计算精度的情况下选择最优字长。最优字长的定义是满足特定性能指标要求所需的最短字长,本书使用统计方法分析算法在不同字长下的性能,建立相应的度量标准,评估字长变化造成的影响。在选择最优字长时,在不同字长下统计性能指标,并绘制性能指标与定点字长曲线,选择最优字长。

　　例如,当加速的对象是视觉特征检测与匹配算法时,我们使用三个有效字长效应度量指标,分别是特征点检测率 $P_{feature}$、匹配率 P_{match} 和错误匹配率 P_{error}。其中特征点检测率 $P_{feature}$ 反映的是一幅图像中检测到的特征点数与该图像所包含的像素数的比值,即

$$P_{feature} = \frac{特征点个数}{图像行数 \times 图像列数} \tag{1.1}$$

　　给定两幅图像,特征点的匹配率 P_{match} 反映的是两幅图像匹配的特征点数除以两幅图像检测到的特征点数量之积的平方根,即

$$P_{match} = \frac{匹配的特征点数}{\sqrt{图像 1 的特征点数 \times 图像 2 的特征点数}} \tag{1.2}$$

　　而错误匹配率 P_{error} 反映的是错误匹配点数除以总匹配点数。本书认为误差小于 3 个像素的点对为正确匹配点对。

$$P_{error} = \frac{错误匹配点数}{总匹配点数} \tag{1.3}$$

　　本书同样提出一种对任意有效字长效应问题都有效的性能指标:使用定点数的计算结果与原始浮点数计算结果进行比较,并统计这两种方法的计算误差,评价指标如式(1.4)所示,并将该计算结果作为选取最优位宽的重要指标。

$$Err_{X,w} = \sqrt{\frac{1}{MN} \sum_{y=0}^{M-1} \sum_{x=0}^{N-1} [X_w(x,y) - X_r(x,y)]} \tag{1.4}$$

其中,X 表示计算结果,X_w 表示使用位宽为 w 的定点数的计算结果,而 X_r 表示使用浮点数的计算结果,M 和 N 分别表示图像的宽和高。

第 2 章　图像增强的并行化实现

2.1　典型图像增强方法

图像去噪是图像处理中的重要的一环。空间域或者频域的平滑滤波都可以抑制图像噪声，提高图像的信噪比。几种常见的空域滤波去噪声算法如下。

2.1.1　均值滤波

均值滤波算法又称为邻域平均算法，是一种局部空间域处理的算法，其基本思想是将每个像素的灰度用其邻域内的像素灰度的平均值代替，以达到去噪声的目的。假设一幅图像 $f(x,y)$ 大小为 $M \times N$，去噪声之后的图像为 $g(x,y)$，均值滤波算法可描述为

$$g(x,y) = \frac{1}{L} \sum_{(i,j) \in S} i,j \tag{2.1}$$

式中：S 是以 (x,y) 为中心的邻域的集合；L 是邻域 S 内包含的像素数目。均值滤波能够有效地抑制颗粒噪声，但同时也出现了因平均作用而引起的模糊现象，模糊程度与邻域的半径成正比。

2.1.2　中值滤波

中值滤波是抑制噪声的非线性处理方法，其滤波原理是把以某像素点 (x,y) 为中心的小窗口内所有像素的灰度值按从大到小的顺序排列，将中间值作为去噪后图像 $g(x,y)$ 的灰度值（若窗口中有偶数个像素，则取中间值的平均），其描述如下：

$$g(x,y) = \underset{(i,j) \in S}{\mathrm{med}} \{f(i,j)\} \tag{2.2}$$

中值对极限像素值（与周围像素值相差较大的像素）远不如平均值那么敏感，所以中值滤波产生的模糊较少，对脉冲干扰及椒盐噪声的抑制效果较好，在抑制噪声的同时能有效保护图像的边缘。

2.1.3　空间域低通滤波

从信号的频域角度来看，噪声特别是随机噪声是一种具有较高频率分量的信号，因此可以采用低通滤波的方法来去除噪声，而频域的滤波很容易通过空间域的信号卷积来实现，因此只要适当地利用空间域系统的单位冲激响应矩阵就可以达到滤除

噪声的目的,即

$$G(x,y) = \sum_{m=0}^{L} \sum_{n=0}^{L} \left[F\left(x+m-\frac{L}{2}, y+n-\frac{L}{2}\right) H(m,n) \right] \tag{2.3}$$

式中:$G(x,y)$ 为去噪后的图像;$F(x,y)$ 为原始含噪声图像;$H(m,n)$ 为 $L \times L$ 低通滤波矩阵,常用的低通卷积模板为

$$H_1 = \frac{1}{9} \begin{pmatrix} 1 & 1 & 1 \\ 1 & 1 & 1 \\ 1 & 1 & 1 \end{pmatrix}, \quad H_2 = \frac{1}{10} \begin{pmatrix} 1 & 1 & 1 \\ 1 & 2 & 1 \\ 1 & 1 & 1 \end{pmatrix}, \quad H_3 = \frac{1}{16} \begin{pmatrix} 1 & 2 & 1 \\ 2 & 4 & 2 \\ 1 & 2 & 1 \end{pmatrix} \tag{2.4}$$

经过上述分析可以看出,不同的去噪方法具有各自的优点和缺点,我们在实际应用中,可以根据具体的图像内容以及所含噪声的种类、特征等来选择合适的去噪方法。

2.2　基于 FPGA 的中值滤波实现

2.2.1　概　述

中值滤波是一种非线性滤波方法,它首先对邻域点的灰度值进行排序,然后选择中间值作为输出灰度值。中值滤波的公式为

$$g(x,y) = \text{med}[f(x-i,y-j)] \quad i,j \in S \tag{2.5}$$

式中:$g(x,y)$ 和 $f(x,y)$ 为像素灰度值;S 为模板窗口。

经典的中值滤波算法多采用 3×3 模板,需要对图像中 3×3 区域内的 9 个数据进行排序,找到其中值。排序算法有很多种,如冒泡排序、快速排序、归并排序等。将排序后的数据序列中的中间位置值输出即为所求中值,但考虑到求中值并不完全需要将数据序列中的每个值的位置都确定下来,即不需要完全对数据序列进行排序也可以求出数据的中值。计算中值时,第一步,将模板的 9 个数分为 3 组,每组中的 3 个数两两进行比较,得到最大值、中值和最小值;第二步,把 3 组中的最大值并为新的一组,中值并为一组,最小值并为一组,然后将新的分组中的 3 个数两两进行比较,分别得到最大值、中值和最小值;第三步,分别把最大值组中的最小值取出,把中值组的中值取出,把最小值组的最大值取出,得到新的一组数;第四步,对这组数求中值,即为这个模板的中值。算法实现框图如图 2.1 所示。

2.2.2　快速中值滤波算法

与上述传统的中值滤波算法不同,快速中值滤波算法对输入的 9 个数两两进行比较,若大于或等于,则比较结果为 1,否则为 0。最后把得到的比较结果相加,结果为 4 的即为中值。中值计算模块处理单元如图 2.2 所示。

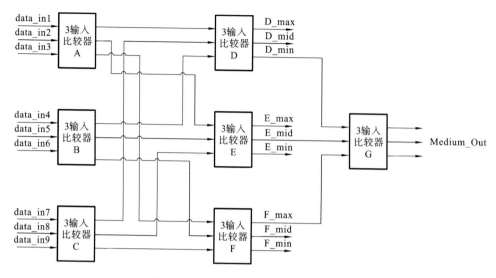

图 2.1　3×3 模板中值滤波计算结构

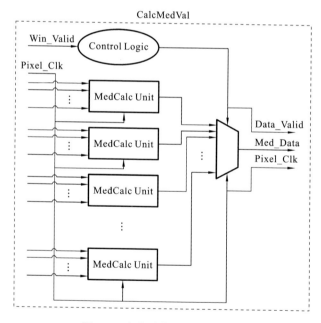

图 2.2　中值计算模块处理单元

2.2.3　FPGA 逻辑结构

根据上述算法原理,我们设计了相应的 FPGA 逻辑结构,如图 2.3 所示。

整个快速中值滤波模块由窗口生成器(Window Generator)、3×3 滤波模块

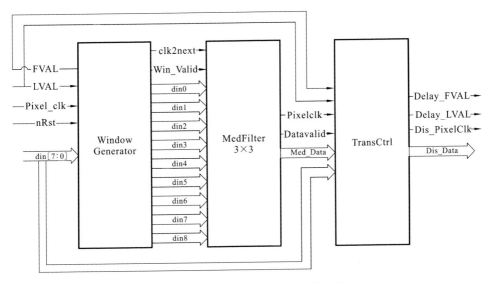

图 2.3　中值滤波 FPGA 逻辑结构框图

(MedFilter3×3)和发送控制模块(TransCtrl)组成。整个模块输入的是序列图,输出的也是序列图,可以无缝嵌入图像数据流中。

1. 窗口生成模块

窗口生成模块的功能框图如图 2.4 所示。

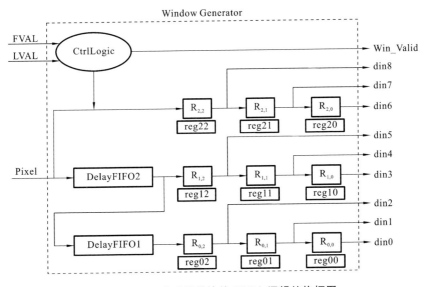

图 2.4　窗口生成器模块的 FPGA 逻辑结构框图

窗口生成模块主要负责将输入的图像数据帧延迟 2 行,每次同时输出一个 3×3 区域内的 9 个数据给后级的 3×3 滤波模块,同时通过行场同步信号生成延迟器内部的 FIFO 的读/写控制信号和后面 3×3 滤波模块的控制信号。其中 DelayFIFO 的深度为图像的一行数据的深度。当 DelayFIFO2 写入一行像素后，控制逻辑控制 DelayFIFO2 向 DelayFIFO1 输出数据，同时图像数据帧继续往 DelayFIFO2 中写数据。等待 DelayFIFO1 的数据写入一行像素后，控制逻辑在往 DelayFIFO2 写数据的同时，也往 9 个寄存器写数据，直到 9 个寄存器的数据都写满后，9 个数据同时写入下一级处理模块。很明显，整个延迟器可以缓存 2 行外加 3 个数据，并可以同时输出 9 个数据。

2. 中值计算模块

在 3×3 模板的窗口形成后，模板输入中值计算模块。由图 2.3 可知，中值计算模块需要 8 个中值计算单元（MedCalc Unit）。其中单个中值计算单元的 FPGA 逻辑结构框图如图 2.5 所示。

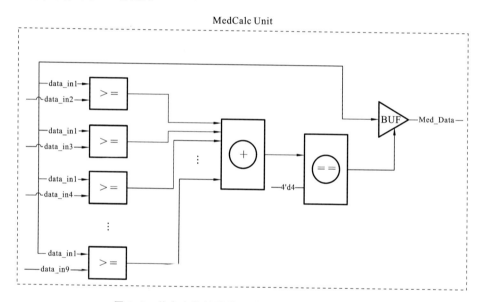

图 2.5 单个中值计算单元的 FPGA 逻辑结构框图

当然，这 8 个中值计算单元的输入并非全部都为 9 个。因为若 data_in1 与 data_in2 比较后，当前状态的 data_in1 与 data_in2 的大小关系已经确定，所以在第 2 个中值计算单元时，data_in1 与 data_in2 的关系就不必再进行比较，则只需要 7 个比较器。依此类推，第 8 个中值计算单元只需 1 个比较器，而第 9 个数在前 8 个中值计算单元里已经进行了比较，故不需要再设置中值计算单元，只需要把先前计算的结果做一个判断就会得到第 9 个数的比较结果值。

该快速中值滤波算法只需要 3 个时钟周期就可以得到中值，即在第 1 个时钟周期对输入的 9 个数两两进行比较，在第 2 个时钟周期内把比较出的结果相加得到每个输入值的中值判定值,在第 3 个时钟周期判定中值并输出中值,再加上上一级的输入延迟,最终输出中值需要 4 个时钟周期的流水深度。而经典的 3 输入中值计算方法对于 3×3 模板需要 3 级流水比较器。第 1 级和第 2 级各由 3 个 3 输入比较器构成,第 3 级由 1 个 3 输入比较器构成。每一级流水线既可以作为一个整体又可以分为多级流水,这需要根据时序的要求而定。每一个 3 输入比较器的输入是 3 个任意数据,输出则是 3 个排序后的数据:最大值、中值和最小值。对于 1 个 3×3 区域内的 9 个数,按行或按列编号为 din0,din1,…,din8,将 din0、din1 和 din2 输入第 1 级中的第 1 个 3 输入比较器,din3、din4 和 din5 输入第 1 级中的第 2 个 3 输入比较器,din6、din7 和 din8 输入第 1 级中的第 3 个 3 输入比较器。经过 2 个时钟周期后,第 1 级的 3 个 3 输入比较器输出排序后的结果。再将这 3 个 3 输入比较器输出的 3 个最小值输入给第 2 级中的第 1 个 3 输入比较器,3 个中值输入第 2 级中的第 2 个 3 输入比较器,3 个最大值输入第 2 级中的第 3 个 3 输入比较器。同样经过 2 个时钟周期后,第 2 级的 3 个 3 输入比较器输出排序后的结果。这时,再将第 2 级中的第 1 个 3 输入比较器输出的最大值、第 2 级中的第 2 个 3 输入比较器输出的中值和第 2 级中的第 3 个 3 输入比较器输出的最小值输入第 3 级的 3 输入比较器。同样,经过 2 个时钟周期后,第 3 级的 3 输入比较器输出排序结果中的中值,即这个 3×3 区域内的 9 个数的中值。这种算法实现对 3×3 模板求中值需要 6 个时钟周期,加上各级的输入延迟共计 9 个时钟周期。

2.3　基于 FPGA 的双线性插值实现

2.3.1　概　述

图像缩放(image scaling)是数字图像处理中的常用技术,其广泛应用于航天航空、医学图像及多媒体领域。常用的图像插值算法有最邻近插值算法和双线性插值算法。最邻近插值算法是把原始像素复制到其邻域内,图像会出现方块或锯齿,不能很好地保留原始图像的边缘信息。双线性插值算法是一种较实用的方法,可以有效去除图像的方块或锯齿。

2.3.2　双线性插值算法原理

双线性插值算法是指插值点在原始图像的 2×2 邻域内 4 个点的灰度值对插值点进行加权,从而求得该点像素值的算法。在同一行内根据待插值像素点与其前后的原图像像素点的位置距离进行加权线性插值,即原图像像素点离待插值像素点越近,其加权系数就越大。中间像素可通过以下公式求得:

$$g(x,y)=\omega_1 f(x,y)+\omega_2 f(x,y+1) \tag{2.6}$$

$$h(x,y)=\omega_1 f(x+1,y)+\omega_2 f(x+1,y+1) \tag{2.7}$$

其中，$\omega_1=1-dx$，$\omega_2=dx$。行间根据待插值行与其上下的原图像行间的距离进行加权线性插值，即原图像行离待插值行越近，其加权系数就越大。插值可根据公式(2.7)求得：

$$p(x,y)=\omega_3 g(x,y)+\omega_4 h(x,y) \tag{2.8}$$

其中，$\omega_3=1-dy$，$\omega_4=dy$。其原理图如图 2.6 所示。

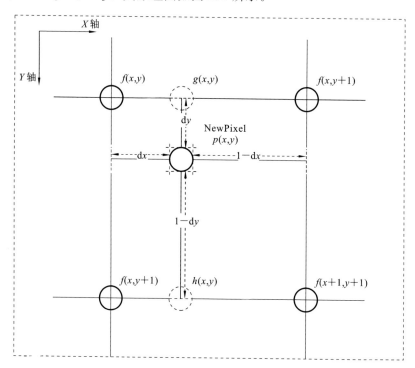

图 2.6 双线性插值算法原理图

2.3.3 FPGA 逻辑结构

依据双线性插值算法原理和 FPGA 结构特点，设计了图 2.7 所示的 FPGA 逻辑结构框图。

图像数据由数据缓冲模块(Data_Buffer)读入并缓存。当整幅图像缓存完成后，数据缓冲模块通知系数计算模块(Coefficient_Gen)开始计算插值点坐标及加权系数。数据缓冲模块在得到坐标后，在对应的内部 DPRAM 中取出 4 个像素，送入插值计算模块(InterpolationValue_Calc)，插值计算模块在得到原图数据和加权系数后，对数据进行运算得到待插值点的像素值。

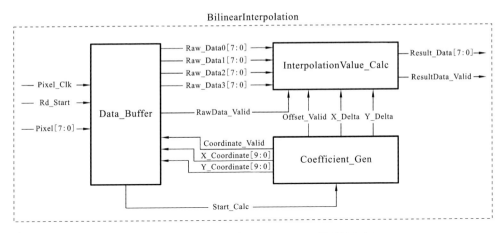

图 2.7　双线性插值算法的 FPGA 逻辑结构框图

参 考 文 献

[1] ZHOU H X，LAI R，LIU S Q. A New Real-time Processing System for the IRFPA Imaging Signal Based on DSP&FPGA[J]. Infrared Physics & technology,2005，46(4)：277-281.

[2] JEAN JACK，LIANG X J，DROZD B，et al. Automatic Target Recognition with Dynamic Reconfiguration[J]. Journal of VLSI Signal Processing,2000 (25)：39-53.

[3] RINNER B，RUPRECHTER B，Schmid M. Rapid Prototyping of Multi-DSP Systems Based on Accurate Performance Estimation[C]//In Proceedings of the IEEE International Conference on Acoustics，Speech，and Signal. 2001，Salt Lake City，USA，May 2001.

[4] YAN L X，ZHANG T X，ZHONG S. A DSP/FPGA-based Parallel Architecture for Real-time Image Processing[J]. Intelligent Control and Automation，2006(2)：10022-10025.

[5] 钟胜. 导引头实时图像信息处理技术研究[D]. 武汉：华中科技大学，2005.

[6] 颜露新. 模块化可重构序列图像处理系统研究[D]. 武汉：华中科技大学，2007.

[7] BATLLE J，MARTI J，RIDAO P. A New FPGA/DSP-based Parallel Architecture for Real-Time Image Processing[J]. Real-time Imaging，2002,8(5)：345-356.

[8] KESSAL L，ABEL N，DEMIGNY D. Real-Time image processing with dynamically reconfiguration architecture [J]. Real-time Imaging，2003，9（5）：

297-313.

[9] CHEN C. Design and Applications of a Reconfigurable Computing System for High Performance Digital Signal Processing[D]. Berkeley：University of California，2005.

[10] 吴东. 动态可重构处理系统技术研究[D].长沙:国防科技大学，2000.

[11] 张崇，于晓琳，邓长军. FPGA 在图像处理中的应用[J]. 电子质量，2004(3)：13，19.

第3章 图像配准与经典特征提取算法

　　图像配准是指将不同传感器(成像设备)在不同时间、不同条件(天气、照度、摄像角度和位置等)下获取的两幅或多幅图像进行匹配、叠加的过程。由于成像条件不同,同一物体(或场景)的多幅图像在成像模式、分辨率、位置(平移和旋转)、灰度属性、比例尺度及曝光时间等方面存在差异,图像配准就是要克服这些困难,为这些图像在空间位置上建立对应关系,以便综合利用多幅图像的信息满足特定应用需求。概括来说,图像配准就是寻找特定的最优几何变换关系,将位于不同坐标系下同一场景的两幅或多幅图像变换到同一坐标系的过程。如图 3.1 所示,给定参考图像(reference image,R)与动态图像(dynamic image,D),图像配准的任务就是寻找一种空间变换关系 $T(\cdot)$,匹配点对,如图 3.1(c)所示,使得动态图像 D 经过变换后与参考图像 R 在某种度量准则下达到最优,即 $T = \arg\max_T M(R, T(D))$,其中 $T(D)$ 表示动态图像 D 经空间变换 $T(\cdot)$ 后的图像,如图 3.1(d)所示,$M(\cdot)$ 表示度量准则。

（a）　　　　　　　　　　　　（b）

（c）　　　　　　　　　　　　（d）

图 3.1　图像配准示意图

（a）参考图像 R；（b）动态图像 D；（c）匹配点对；（d）变换结果

图像配准方法大致可分为三大类,即基于灰度的图像配准方法、基于特征的图像配准方法以及基于频域变换的图像配准方法。基于灰度的图像配准方法是通过相似性度量对两幅图像的灰度模式进行比较;基于特征的图像配准方法是在两幅图像上寻找局部特征的对应关系,如点、线和轮廓等;基于频域变换的图像配准方法是假设对应点邻域的局部相位相等。下面简要介绍这三类图像配准方法。

(1)基于灰度的图像配准方法:该方法选取参考图中的图像块作为模板,在动态图像中滑动模板寻找相似图像块。然而当图像间存在复杂的空间变换关系时,需要搜索的维度也相应增加,搜索的复杂度随维度呈指数增加,从而导致"维度灾难"。该方法难以满足空间变换关系复杂、计算实时性要求高的应用需求。典型的灰度图像配准算法有模板匹配、序贯相似性检测算法,相似性度量标准主要有标准平方差、标准相关等。

(2)基于特征的图像配准方法:该方法选取角点、边缘、局部显著点等作为特征,并在特征点邻域内提取特征描述向量,从而将图像配准问题转换为特征匹配问题,根据匹配点对的空间位置关系预测两幅图像间的空间变换关系。该类方法不直接依赖图像灰度,抗干扰能力较强,计算量相对较小,计算速度较快。常用的特征提取算法有尺度不变特征变换(scale invariant feature transform,SIFT)算法、快速鲁棒特征(speeded-up robust features,SURF)算法、最大稳定极值区域(maximally stable extremal region,MSER)算法、加速段测试特征(feature from accelerated segment test,FAST)算法和 Harris 算法等,而常用的相似性度量标准有欧氏距离、汉明距离、最小最大距离等。

(3)基于频域变换的图像配准方法:该方法的基本假设是图像中对应位置的局部相位相等,根据傅里叶变换的平移定理,信号在空间域的平移导致频域成比例地相移,频域在数学形式上更有利于区域分析。傅里叶变换的空间值域为无穷大,基于频域变换的图像配准算法对带通滤波信号的相位信息进行处理,获得图像对之间的空间对应关系。常用方法有相位相关法和相位差-频率法。

大量研究证明,基于特征的图像配准方法可以取得非常好的效果。此外,由于特征的图像配准方法不直接依赖于图像灰度,具有较强抗干扰性,能处理复杂空间变换关系,因此本书主要研究基于特征的图像配准方法的实时硬件架构。

3.1 基于特征的图像配准方法分析

基于特征的图像配准方法中最重要的步骤为如何在图像中检测稳定性好、可重复率高的视觉特征点,为每个特征点提取具有尺度不变、旋转不变、光照不变等不变特性的描述向量,并在不同图像的特征点集合之间建立特征对应关系。基于特征的图像配准方法主要包含四个步骤:图像预处理、特征点检测、描述向量提取和描述向量匹配,其典型流程如图 3.2 所示。

图 3.2　基于特征的图像配准流程

(1) 图像预处理:主要任务包括降低由成像环境差异导致的灰度差异、成像过程中的噪声、相机输出格式不同等造成的影响,如通过高斯滤波(中值滤波)等降低高斯白噪声(椒盐噪声)等噪声影响,通过灰度归一化/灰度量化等值域变换操作降低灰度差异的影响。特征点提取算法主要作用于灰度空间,而大部分相机的输出为彩色图像,且彩色图像的格式不尽相同(常见的有 RGB、YCbCr、LAB 等格式),因此在特征提取前还需变换颜色空间。

(2) 特征点检测:在图像中寻找满足特定性质的显著性像素点作为特征,如 Harris 算法检测拐点、SIFT 算法检测稳定的局部极值点作为特征。由于特征点数量一般比原始图像像素数少 2~3 个数量级,因此计算量大幅度降低。特征点需要对灰度变化、尺度变换、旋转变换等具有鲁棒性,以提升特征的可重复性与可区分性。

(3) 描述向量提取:为了在两幅图像间建立对应关系,需要使用特征点邻域内的像素提取描述向量。描述向量需具备鲁棒性,如对尺度变换、旋转变换、灰度变化等具有不变性。针对不同应用环境,在满足应用需求前提下降低计算量,这些不变性可部分简化,以满足实际应用对计算实时性的需求。如 SIFT 算法通过统计局部图像块中梯度方向直方图,将主方向旋转至零度方向获得旋转不变性,通过提取多尺度特征进而具备尺度不变性;BRIEF 算法通过在若干方向上提取描述向量来达到旋转不变性。

(4) 描述向量匹配:是指在两幅图像间建立特征点对应关系,并从特征点对的空间分布关系拟合两幅图像的空间变换关系。描述向量匹配涉及一幅图像的 N_1 个描述向量在另一幅图像的 N_2 个描述向量中寻找最佳的匹配特征向量,计算量巨大。常用的描述向量匹配策略有:① BBF 策略,找出描述向量在另一幅图像中距离最近的两个描述向量,如果这两个距离差别不大,则认为不存在有效匹配,否则距离最近的描述向量为最佳匹配;② 固定阈值策略,如果最小距离大于最大有效距离,则认为不存在有效匹配描述向量,否则最小距离描述向量即为匹配描述向量。

常用的视觉特征检测算法主要有 Harris、SIFT、SURF、MSER、FAST 等。本节使用图 3.1(a)和(b)所示的两幅图像对这几种算法从特征提取时间、特征描述时间、特征匹配时间、特征点数、匹配点数及正确匹配点数等几个方面进行测试,测试结果如表 3-1 所示。本测试在 CPU 为 Intel(R) Core(TM) i3-3240 @ 3.4 GHz、内存为 4 GB 的 PC 上进行,图像分辨率为 840×650。如表 3-1 所示,FAST 算法和 Harris 算法无法正确匹配这两幅图像,计算速度最快;SURF 算法和 MSER 算法勉强能够完成匹配任务,计算速度相对较慢;而 SIFT 算法无论在特征检测率、特征匹配率还是在正确匹配率上都具有绝对优势,但计算速度最慢。

表 3-1　常用特征匹配算法性能比较分析

算法	特征提取时间/ms	特征描述时间/ms	特征点数	特征匹配时间/ms	匹配点对	正确匹配点对(正确匹配率)
SIFT	2475	4622	11514	9658	2583	2298(89.0%)
	2419	5124	8931			
SURF	161	182	2795	124	359	155(43.2%)
	124	160	2036			
MSER	449	90	1422	39	205	134(65.4%)
	453	93	1467			
FAST	4	54	3779	257	5	3(60%)
	5	59	3410			
Harris	221	61	2470	120	5	4(80%)
	209	63	2023			

在满足图像配准任务对匹配精度需求的情况下,匹配两幅分辨率为 850×640 的图像,SURF 算法需要 0.8 s 左右,而匹配精度最高的 SIFT 则需要 24 s 左右,无法满足计算实时性需求。此外,为了达到尺度不变性,算法在检测特征时大多建立多尺度空间,因此对存储空间提出了较高要求。例如,SIFT 算法建立了高斯差分图像尺度空间,每组分辨率包含 6 幅高斯图像、5 幅高斯差分图像,并对图像进行了上采样,总存储空间需求约为输入图像的 $58.7\left(11\times\left(4+1+\dfrac{1}{4}+\dfrac{1}{16}+\cdots\right)\right)$ 倍。

综上所述,视觉特征的高效检测与稳定匹配是计算机视觉应用的基础问题之一,可以应用于目标检测、图像索引、视觉定位、医学图像处理、多谱信息融合等领域。然而,部分计算机视觉应用对计算实时性的要求非常高,因此对视觉特征检测与匹配的计算实时性提出了很高要求。虽然学术界对视觉特征检测与匹配开展了很多研究,但是归咎于问题的复杂性,不使用特殊硬件的普通个人计算机非常难以满足计算实时性的需求。

3.2　SIFT 算法

SIFT 算法可分为四部分,即高斯差分(difference of Gaussian,DoG)图像金字塔构建、特征点检测、梯度方向与强度计算、描述向量提取,如图 3.3 所示。高斯差分图像金字塔构建模块对源图像进行多尺度二维高斯滤波,并将相邻尺度的高斯图像相减,获得高斯差分图像。其输出主要包含高斯图像与高斯差分图像,其中高斯差分图像作为特征点检测模块的输入,而高斯图像作为梯度方向与强度计算模块的输入;特征点检测模块在高斯差分图像中检测高对比度、非强边缘的局部极值点作为特征点;梯度方向与强度计算模块在高斯图像中计算每个像素的梯度方向与梯度强度;最终,描述向量提取模块使用特征点邻域内像素的梯度方向与强度提取加权方向统计直方图作为描述向量。

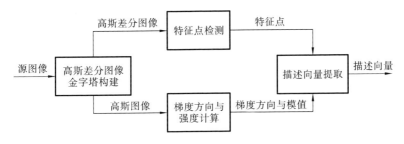

图 3.3　SIFT 算法各模块连接关系

3.2.1　DoG 图像金字塔构建

SIFT 算法选取有剧烈变化的图像区域作为候选 SIFT 特征点,为使 SIFT 特征点具有尺度不变性,Lowe 提出在多尺度空间检测特征点。SIFT 用高斯差分图像金字塔近似图像梯度场,首先将输入图像 $I(x,y)$(见图 3.4(a))与高斯核 $K(x,y;\sigma)$ 卷积,其中 σ 为高斯核尺度参数,并将卷积结果标记为 $G(x,y;\sigma)$(见图 3.4(b)),即

$$G(x,y;\sigma)=\text{conv2}(I(x,y),K(x,y;\sigma)) \tag{3.1}$$

其中,conv2(·)表示二维卷积操作,而

$$K(x,y;\sigma)=\frac{1}{2\pi\sigma^2}e^{-(x^2+y^2)/2\sigma^2} \tag{3.2}$$

高斯差分图像 $D(x,y;\sigma)$ 是两幅相邻尺度高斯图像的差,如图 3.4(c)所示,即

$$D(x,y;\sigma)=G(x,y;k\sigma)-G(x,y;\sigma) \tag{3.3}$$

  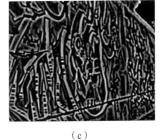

(a)　　　　　　　　　(b)　　　　　　　　　(c)

图 3.4　图像金字塔中的几种图像

(a)原始图像;(b)高斯图像;(c)高斯差分图像

其中,k 为常数,一般取 $k=2^{\frac{1}{3}}$。

构建一组 Octave(相同分辨率的图像序列)高斯差分图像金字塔的过程如图 3.5 所示,其中每组包含 6 个尺度(scale),K0、K1 等表示高斯图像,D0、D1 等表示高斯差分图像。每组的第 $i+1$ 幅高斯图像 $G(x,y;k^{i+1}\sigma)(i=0,1,\cdots,4)$ 由第 i 幅高斯图像 $G(x,y;k^i\sigma)$ 与高斯核 $K(x,y;\sqrt{k^2-1}k^i\sigma)$ 卷积而得。将当前组的第 4 幅高斯图像 $G(x,y;k^4\sigma)$ 隔行隔列降采样作为下一组输入,第 1 组的输入图像为原始图像。

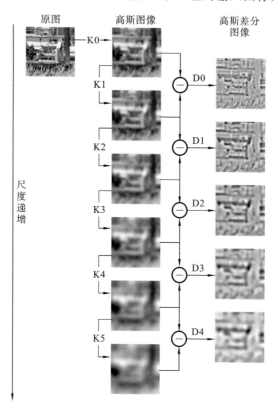

图 3.5 高斯差分图像金字塔的构建过程

3.2.2 特征点检测

建立 DoG 图像金字塔后,在 DoG 尺度空间将当前像素与相邻的 26 个像素(上一尺度和下一尺度各 9 个,当前尺度 8 个,如图 3.6 所示)比较大小,判断当前点是否为局部极值点,并将局部极值点作为候选特征点。由于每个像素都要与相邻尺度的像素进行比较,因此在每组中检测 S 个尺度的极值点,需要 $S+2$ 幅高斯差分图像和 $S+3$ 幅高斯图像,实际应用中 S 在 3 到 5 之间。

为了更精确地定位 SIFT 特征点在尺度空间中的位置,达到亚像素级精确定位,

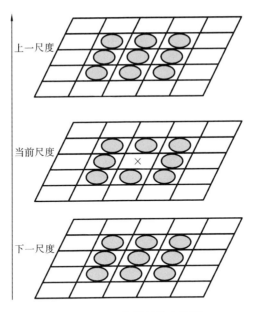

图 3.6　DoG 空间极值点检测

Lowe 提出利用尺度空间函数的二阶泰勒展开式拟合 $D(x,y;\sigma)$，即

$$D(\Delta) \approx D + \frac{\partial D^{\mathrm{T}}}{\partial \Delta}\Delta + \frac{1}{2}\Delta^{\mathrm{T}}\frac{\partial^2 D}{\partial \Delta^2}\Delta \tag{3.4}$$

其中，$\Delta = (x,y;\sigma)$ 表示以特征点当前像素中心为基准的偏移量，特征点的精确位置在一阶偏导为 0 处，对式(3.4)求导，并置为 0，可得

$$\hat{\Delta} = -\frac{\partial^2 D^{-1}}{\partial \Delta^2}\frac{\partial D}{\partial \Delta} \tag{3.5}$$

如果偏移量 $\hat{\Delta}$ 的任何一维大于 0.5，则说明特征点位于其他位置，当前点并非稳定特征点，应予以剔除。

仅通过局部极值检测方法获得的极值点属于弱特征点，这些特征点可能处于强边缘或者低对比度的位置，而强边缘点或低对比度极值点的可重复性相对较低，因此应当消除低对比度和强边缘点的影响，从而保证特征对噪声具有相当的鲁棒性。为消除低对比度点，只需将 DoG 图像灰度值与固定阈值进行比较，判定小于阈值的 DoG 像素为低对比度像素，并予以剔除。

DoG 图像中强边缘点在沿边缘方向曲率非常大，而在其垂直方向则曲率很小。一般通过 Hessian 矩阵 **H** 的特征值估计曲率，Hessian 矩阵定义如下：

$$\boldsymbol{H} = \begin{bmatrix} D_{xx} & D_{xy} \\ D_{xy} & D_{yy} \end{bmatrix} \tag{3.6}$$

其中，D_{xx} 通过相邻像素求差计算，表示在 x 方向上的 2 阶导数，同理可得 D_{xy} 和 D_{yy}。

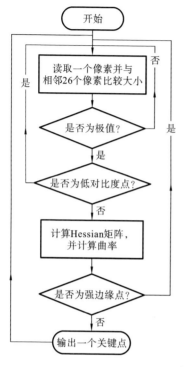

图 3.7　特征点检测流程

Hessian 矩阵的特征值与主曲率成正比。设 γ 为最大特征值 α 与最小特征值 β 的比率,即 $\alpha = \gamma\beta$,可得

$$\frac{\mathrm{tr}\boldsymbol{H}^2}{\det\boldsymbol{H}} = \frac{(\alpha+\beta)^2}{\alpha\beta} = \frac{(\gamma\beta+\beta)^2}{\gamma\beta^2} = \frac{(1+\gamma)^2}{\gamma} \tag{3.7}$$

其中,$\mathrm{tr}\boldsymbol{H}$ 表示矩阵 $\boldsymbol{H}$ 的迹,而 $\det\boldsymbol{H}$ 表示矩阵 $\boldsymbol{H}$ 的行列式。显而易见,γ 是曲率的一个条件数,反映局部外观的奇异性,γ 越大则该点越接近于强边缘点。因此,只需将 γ 设定为常数,检查式(3.8)是否满足,从而判断当前像素点是否为强边缘点,即

$$\frac{\mathrm{tr}\boldsymbol{H}^2}{\det\boldsymbol{H}} \leqslant \frac{(1+\gamma)^2}{\gamma} \tag{3.8}$$

综上所述,特征点检测流程如图 3.7 所示,在使用顺序处理思想检测特征点时,因为图像中极值点的数量远小于原始图像中的像素数,因此后续处理过程中需计算的点数大大降低,有利于提升计算速度。

3.2.3　梯度方向与强度计算

SIFT 描述向量是基于梯度方向统计直方图的描述向量,为了给特征点提取相应的 SIFT 描述向量,首先需要为特征点邻域内的每个像素计算梯度方向与梯度强度,分别使用 $\theta(x,y)$ 和 $m(x,y)$ 表示,如式(3.9)和式(3.10)所示。考虑到特征点与特征点的局部区域之间有重叠,如果每个特征点独立计算其邻域的梯度方向和强度,则总计算量将超过为每个像素都计算梯度方向和梯度强度的计算量,因此在计算梯度方向和梯度强度过程中,为每个像素都计算梯度方向和梯度强度。

$$\theta(x,y) = a\tan(G(x,y+1) - G(x,y-1)/G(x+1,y) - G(x-1,y)) \tag{3.9}$$

$$m(x,y) = \sqrt{(G(x,y+1) - G(x,y-1))^2 + (G(x+1,y) - G(x-1,y))^2} \tag{3.10}$$

3.2.4　SIFT 描述向量提取

SIFT 描述向量提取由主方向赋值和描述向量提取两部分组成,其中主向量赋值从特征点周围像素中统计方向直方图,每个像素将其梯度强度与高斯核的乘积累加到其梯度方向所对应的方向柱中(见图 3.8(a)),并将方向直方图中值最大的方向柱所对应的方向作为特征的主方向(见图 3.8(b))。然后将坐标轴旋转至主方向(见

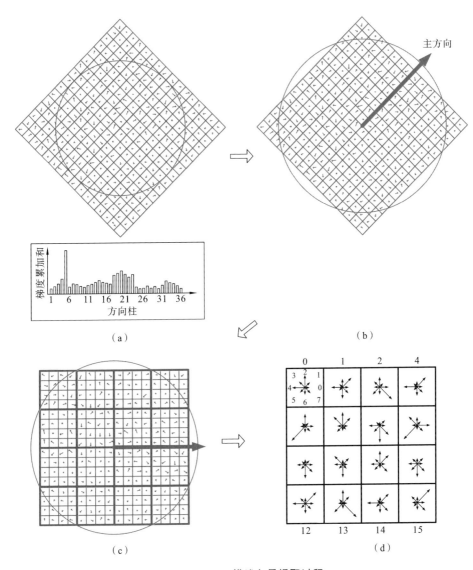

图 3.8　SIFT 描述向量提取过程

(a) 主方向统计；(b) 主方向赋值；(c) 梯度方向统计；(d) SIFT 描述向量

图 3.8(c)），等效于旋转图像使主方向与 x 轴对齐。最后，利用特征邻域内像素的梯度方向与梯度强度提取 $16×8$ 维的 SIFT 描述向量(见图 3.8(d))。下面详细介绍这两部分。

(1) 主方向赋值：为了使描述向量具备旋转不变性，需要给每个描述向量赋予主方向。Lowe 提出将 $0～360°$ 以 $10°$ 为单位划分为 36 个小区间，并将特征点邻域内每个像素的梯度方向往 36 个区间映射。考虑到离特征点越近、梯度强度越大的像素权重越大,因此在统计方向直方图时,将梯度强度与反映特征点距离的高斯权重相乘,并将乘积累加至梯度方向所对应的方向区间上,将权重最大的方向区间所代表的方向作为特征点的主方向。图 3.8(a)中方向直方图最大权重的方向为 45°,图 3.8(b)中粗箭头为该特征的主方向。

　　(2) 描述向量提取:为特征点赋予主方向后,将坐标系 x 轴正方向旋转至主方向,其等效于将图像块旋转,使主方向与 x 轴正方向平行,如图 3.8(c)所示。SIFT 算法将当前特征点的邻域划分为 4×4 共 16 个小区域(见图 3.8(c)),并在每个区域的中心位置处统计 8 个方向上的权重,最终形成 128 维 SIFT 描述向量。在统计过程中,每个像素按梯度方向与距离投影到相邻 4 个区域的两个相邻方向上,如图 3.9 所示。为保证离中心越近的像素权重越大,此处同样对高斯权重与梯度强度的乘积进行累加,形成如图 3.8(d)所示的描述向量。图 3.9 中像素点 P 的梯度方向为 $0\leqslant\theta\leqslant45°$,因此往其相邻区域的相邻方向上投影,如图中的虚线箭头所示。此外像素点 P 与其相邻的 4 个区域中心的距离分别为 d_1、d_2、d_3、d_4,高斯权重是距离的单调减函数。

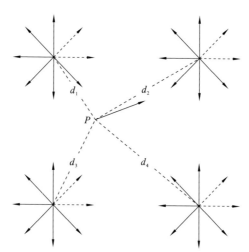

图 3.9　描述向量提取过程的梯度累加示意图

　　虽然 SIFT 算法具有非常鲁棒的匹配性能,主要表现在对尺度变换、旋转变换具有不变性,同时对光照变化、仿射变换和噪声都具有相当的鲁棒性,但是 SIFT 算法的鲁棒性是以计算量为代价的,在对配准精度要求非常高而不要求实时计算的应用中,其性能才非常突出。实际上有很多计算视觉任务对计算实时性要求非常高,因此学界有很多研究对 SIFT 算法进行改造以满足计算实时性的需求,这些改进中非常突出的两个版本为 SURF 算法与 BRIEF 算法。其中 BRIEF 算法只提供特征描述向量,其特征检测部分可以使用 SURF、FAST、CenSurE 等特征检测算法。

3.3　SURF 算法

SURF 算法是 2006 年由 H. Bay 等人提出的提取图像中局部不变性特征的一种高效稳定的算法。它不仅继承了 SIFT 算法提取的特征抗干扰能力强等优点,而且计算速度有非常大的提升。

如图 3.10 所示,SURF 算法可分为特征点检测和特征点描述矢量生成两个阶段。

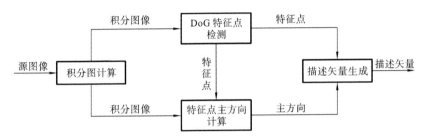

图 3.10　SURF 算法的处理流程

3.3.1　SURF 特征点检测

SURF 算法先对图像进行积分图像计算,然后用盒状滤波器(box filter)近似二次高斯滤波生成 Hessian 矩阵,最后采用非极大值抑制定位特征点。

1. 计算积分图像

积分图像计算作为 SURF 算法关键的步骤,被应用于 SURF 算法的特征点检测和描述矢量提取的步骤中。

积分图像就是只遍历一次图像就可以求出图像中所有区域像素和的快速算法,大幅提高了方形区域像素和计算的效率。

图像中任意位置像素的积分值等于原始图像中该像素位置左上方矩形区域内所有像素点灰度值的总和,即图 3.11 中的灰色区域内所有像素点灰度值的总和。原始图像中点 (x,y) 和原点所围成的矩形区域中所有像素值的总和按式(3.11)计算。

$$II(x,y) = \sum_{i=0}^{x} \sum_{j=0}^{y} I(i,j) \tag{3.11}$$

另外积分图像中任意矩形区域的大小还可以通过取矩形区域的四个顶点所在位置的积分图数值来计算。图 3.11 中灰色矩形区域 $ABCD$ 的像素值之和可以表示为

$$II(x,y) = (II(x_a,y_a) + II(x_d,y_d)) - (II(x_b,y_b) + II(x_c,y_c)) \tag{3.12}$$

2. 盒状滤波器近似 Hessian 矩阵构建高斯尺度空间

SURF 算法中的特征点是 Hessian 矩阵行列式近似值的局部极值。例如,对于

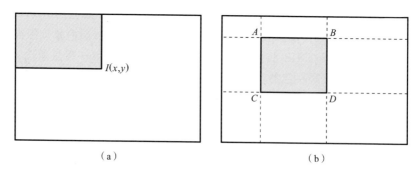

图 3.11　积分图像计算的示意图

图像上的任意一点 $I(x,y)$，其在尺度空间 σ 上的 Hessian 矩阵可以表示为

$$\boldsymbol{H}(I,\sigma)=\begin{bmatrix} L_{xx}(I,\sigma) & L_{xy}(I,\sigma) \\ L_{xy}(I,\sigma) & L_{yy}(I,\sigma) \end{bmatrix} \qquad (3.13)$$

其中，$L_{xx}(I,\sigma)$ 是高斯二阶微分 $\dfrac{\partial^2}{\partial x^2}g(\sigma)$ 在点 $I(x,y)$ 处与图像 I 的卷积，$L_{xy}(I,\sigma)$ 和 $L_{yy}(I,\sigma)$ 具有类似的含义。在 SURF 算法中，作者提出了使用盒状滤波器近似高斯二阶微分的方法，将高斯函数进行了离散化处理。图 3.12(a)、(b)、(c) 分别是离散高斯二阶微分卷积算子示意图，图 3.12(d)、(e)、(f) 分别是盒状滤波器近似效果的示意图。近似后的 $L_{xx}(I,\sigma)$、$L_{xy}(I,\sigma)$、$L_{yy}(I,\sigma)$ 变为 $D_{xx}(I,\sigma)$、$D_{xy}(I,\sigma)$、$D_{yy}(I,\sigma)$。最后得到近似 Hessian 矩阵 $\boldsymbol{H}_{\mathrm{approx}}$ 的行列式为

$$\det \boldsymbol{H}_{\mathrm{approx}}=D_{xx}D_{yy}-(wD_{xy})^2 \qquad (3.14)$$

其中，w 是 Hessian 矩阵近似后的补偿误差，H. Bay 建议将该值设置为 0.9。

在实际计算滤波响应值时需要根据盒状滤波器的尺寸进行归一化处理，这样做是为了保证所有的滤波尺寸被同一个 Frobenius 范数所适应。如对于 9×9 模板的 $L_{xx}(I,\sigma)$ 和 $L_{yy}(I,\sigma)$ 盒状滤波器的尺寸为 15，$L_{xy}(I,\sigma)$ 的盒状滤波器的尺寸为 9。一般而言，如果盒状滤波器内部填充值为 $v^n\in\{1,-1,-2\}$，盒状矩形区域对应的 4 个点积分图像值为 $\{p_1^n,p_2^n,p_3^n,p_4^n\}$，盒状滤波器的尺寸为 $\{s_{xx},s_{yy},s_{xy}\}$，那么，盒状滤波器的响应值的归一化结果为

$$D_{xx}=\frac{1}{s_{xx}}\sum_{n=1}^{3}v^n\cdot(p_4^n-p_2^n-p_3^n+p_1^n) \qquad (3.15)$$

$$D_{yy}=\frac{1}{s_{yy}}\sum_{n=1}^{3}v^n\cdot(p_4^n-p_2^n-p_3^n+p_1^n) \qquad (3.16)$$

$$D_{xy}=\frac{1}{s_{xy}}\sum_{n=1}^{4}v^n\cdot(p_4^n-p_2^n-p_3^n+p_1^n) \qquad (3.17)$$

从 $D_{xx}(I,\sigma)$、$D_{xy}(I,\sigma)$、$D_{yy}(I,\sigma)$ 的计算公式中可以看出，它们的运算量与模板的尺寸是无关的。计算 $D_{xx}(I,\sigma)$ 和 $D_{yy}(I,\sigma)$ 只需进行 12 次加减法和 4 次乘法运算，

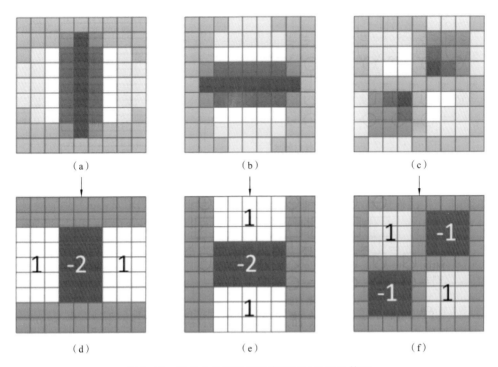

（a）　　　　　　　　　　（b）　　　　　　　　　　（c）

（d）　　　　　　　　　　（e）　　　　　　　　　　（f）

图 3.12　使用盒状滤波器近似高斯二阶微分算子

（a）、（b）、（c）离散化的高斯二阶微分卷积算子示意图；（d）、（e）、（f）盒状滤波器近似效果的示意图

计算 $D_{xy}(I,\sigma)$ 只需进行 16 次加减法和 5 次乘法运算。

　　一般通过构建图像金字塔尺度空间来保证特征点具有尺度不变性。如图 3.13 所示，Lowe 在 SIFT 算法中就是通过相邻两层图像金字塔相减得到 DoG 图像，然后在 DoG 图像上进行特征点检测的工作。而 SURF 算法通过改变盒状滤波器的尺寸来对原始图像得到的积分图像求取 Hessian 矩阵响应值，以此来构建图像尺度空间，

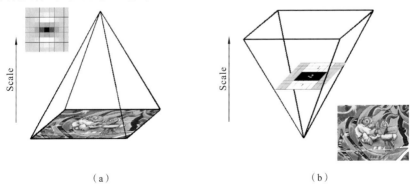

（a）　　　　　　　　　　　　　　（b）

图 3.13　SIFT 算法和 SURF 算法的图像金字塔对比

（a）SIFT 算法图像金字塔；（b）SURF 算法图像金字塔

然后在多尺度图像上使用非极大值抑制的方法求取极值,得到各个尺度下的特征点。

按照 SURF 算法的描述,盒状滤波器尺寸的改变一般分为多个组,每组包含 4 个尺度。盒状滤波器的最小滤波尺度为 9×9,其对应的高斯尺度因子 σ 为 1.2。得益于积分图像和盒状滤波器,整个滤波过程不会随着滤波模板尺寸的增加而使计算量增加。每组滤波器尺寸增加的量分别为(6,12,24,48),所以盒状滤波器的尺寸分别为 9×9、15×15、21×21、27×27、39×39、51×51、75×75 等。

不同阶的盒状滤波器的尺寸相互重叠,其目的是尽可能地覆盖所有的尺度。在通常尺度分析情况下,随着尺度的增大,被检测到的特征点数量急剧衰减,如图3.14 所示。

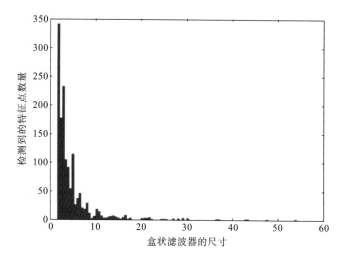

图 3.14   SURF 算法在不同尺度上检测到的特征点数量的示意图

盒状滤波器的滤波结果计算过程满足 FPGA 并行加速方法的局部性、规整性和重复性三大原则。

(1)局部性。盒状滤波器只需要取固定大小的矩形积分图像中各位置的积分值就可以完成滤波结果的计算,同时不同尺寸的盒状滤波器的计算相互独立。

(2)规整性。盒状滤波器仅需要固定次数的加减计算就可以完成滤波结果的计算。

(3)重复性。盒状滤波器对图像中每一个像素都做同样的操作。

3. 特征点搜索和定位

SURF 算法采用非极大值抑制的方法,先将图像尺度空间中的极值作为候选点,然后设置一个合适的阈值,将响应值相对较低的候选点过滤掉,以此来提高候选点对噪声的鲁棒性。

利用已知的离散空间点做插值就可以得到连续空间极值点。设空间极值点的坐标为 x,其对应的 Hessian 矩阵 $\boldsymbol{H}(x)$ 按 Taylor 级数展开后如式(3.18)所示。

$$H(x) = H + \frac{\partial H^{\mathrm{T}}}{\partial x} X + \frac{1}{2} X^{\mathrm{T}} \frac{\partial^2 H}{\partial x^2} X \qquad (3.18)$$

其极值 X^* 可以由式(3.19)计算得到。

$$X^* = -\frac{\partial^2 H^{-1}}{\partial x^2} \frac{\partial H}{\partial x} \qquad (3.19)$$

特征点搜索和定位的过程满足 FPGA 并行加速方法中的局部性、规整性和重复性三个原则：① 对于局部性，特征点搜索和定位过程中只需要对比当前层和相邻两层共 26 个响应值的大小，同时不同层的对比相互独立；② 对于规整性，特征点搜索和定位的过程只需要经过固定次数的比较计算操作；③ 对于重复性，特征点搜索和定位的过程对图像中每一个像素都做同样的操作。

3.3.2　SURF 特征描述矢量的提取

1. 主方向分配

SURF 算法通过求取特征点的主方向来保证特征点具有旋转不变性。主方向分配是以特征点为中心，取半径为 $6s$（s 为特征点所在的尺度）的圆形区域，遍历地计算该区域内所有像素点的 x 和 y 方向上尺度为 $4s$ 的 Haar 小波响应值 h_x 和 h_y。图 3.15 所示的为 Haar 小波算子卷积核，黑色区域权值为 -1，白色区域的权值为 $+1$。

为了完成主方向分配，需要以特征点为中心、$\frac{\pi}{3}$ 为张角的扇形作为滑动窗口，且以步长 0.25 弧度绕特征点旋转这个扇形窗口，并对扇形窗口内图像 Haar 小波响应值 h_x 和 h_y 进行累加，得到一个矢量 $[m_w, \theta_w]$：

$$m_w = \sum_w h_x + \sum_w h_y \qquad (3.20)$$

$$\theta_w = \arctan\left(\frac{\sum\limits_w h_x}{\sum\limits_w h_y}\right) \qquad (3.21)$$

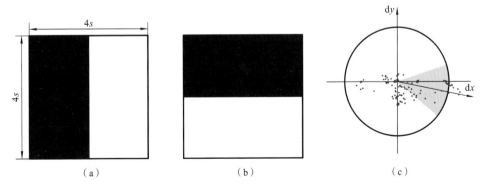

图 3.15　Haar 小波算子卷积核

(a) x 方向上的 Haar 小波变换；(b) y 方向上的 Haar 小波变换；(c) 主方向分配示意图

主方向是 Haar 响应累加值最大时所对应的方向,即

$$\theta = \theta_w \mid \max\{m_w\} \tag{3.22}$$

主方向分配计算满足 FPGA 并行加速方法中的局部性、规整性和重复性三个原则:① 对于局部性,主方向分配计算时需要读取固定大小区域内的积分图像数据;② 对于规整性,主方向分配计算仅需要通过固定次数的加减乘运算就可以完成;③ 对于重复性,主方向分配计算需要对所有被检测到的特征点进行。

2. 特征点描述矢量生成

SURF 算法生成描述矢量需要计算图像的 Haar 小波响应,如图 3.16 所示。首先,以特征点中心沿主方向选取一个 $20s \times 20s$ 的矩形区域,同时将该矩形区域划分为 4×4 个子块,每个子块包括 $5s \times 5s$ 个像素点,使用 x 和 y 方向上尺度为 $2s$ 的 Haar 卷积模板对子块区域内的像素点进行响应值的计算。然后,以特征点为中心,用 $\sigma = 3.3s$ 的高斯加权函数对响应值进行高斯加权计算。最后,分别对各个子块的响应值进行统计,得到每个子块的矢量为

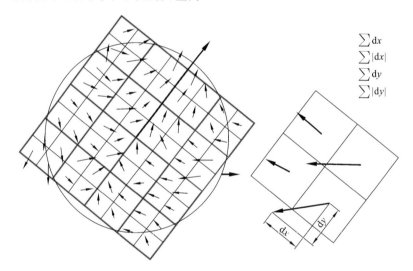

$$\sum dx$$
$$\sum |dx|$$
$$\sum dy$$
$$\sum |dy|$$

图 3.16　SURF 算法生成描述矢量的示意图

$$\boldsymbol{V}_n = \left[\sum dx, \sum \mid dx \mid, \sum dy, \sum \mid dy \mid \right] \tag{3.23}$$

因此,特征描述矢量一共有 $64(4 \times 4 \times 4)$ 维。

特征点描述矢量生成计算满足 FPGA 并行加速方法中的局部性、规整性和重复性三个原则:① 对于局部性,特征点描述矢量生成计算时需要读取固定大小区域内的积分图像数据;② 对于规整性,特征点描述矢量生成计算仅需要通过固定次数的加减乘运算就可以完成;③ 对于重复性,特征点描述矢量生成计算需要对所有被检测到的特征点进行。

3.3.3　OpenSURF 算法

OpenSURF 算法是 2009 年由英国布里斯托大学的 Christopher Evans 教授基于 C++平台设计的开源 SURF 算法实现的。它继承了 SURF 算法中特征点检测的处理步骤，相对于 SURF 算法，针对描述矢量生成阶段，主要做了两点修改：

（1）将特征点矢量生成的区域大小由原来的 $20s \times 20s$ 增加到了 $24s \times 24s$；

（2）将特征点描述矢量生成的子块大小由原来的 $5s \times 5s$ 修改为 $9s \times 9s$，这样会导致两个相邻的子块的区域相互重叠。

因此，OpenSURF 算法相对于 SURF 算法，增加了描述矢量生成部分的计算复杂度，这样也增加了描述矢量的稳定性。

OpenSURF 算法与 SURF 算法相同，其各个计算阶段都满足 FPGA 并行加速方法的局部性、规整性和重复性三个原则。

3.4　BRIEF 算法

提取 BRIEF 描述向量的过程可以分为两步：① 图像平滑以降低噪声的影响；② 比较像素对生成描述向量中对应位的值。可以将 BRIEF 特征提取过程描述如下：首先选择一系列点对 $S = \{s_i \,|\, i = 1, 2, \cdots, 256, s_i = (u_i, v_i)\}$ 进行测试，然后用 β 表示两个平滑图像块 u 和 v 的灰度比较结果，即

$$\beta(p; \boldsymbol{u}, \boldsymbol{v}) = f(x) = \begin{cases} 0, & I(p, \boldsymbol{v}) < I(p, \boldsymbol{u}) \\ 1, & \text{其他} \end{cases} \tag{3.24}$$

其中，$I(p, \boldsymbol{u})$ 表示在 $\boldsymbol{u} = (x, y)^{\mathrm{T}}$ 位置像素块 p 的一种平滑形式，同理可推 $I(p, \boldsymbol{v})$。BRIEF 描述向量则对应于一个 256 维向量的整数部分，即

$$f = \sum_{i=1}^{256} 2^{i-1} \beta(p; u_i, v_i) \tag{3.25}$$

在尺寸为 $W \times W$ 的测试图像块中选取位置对 (u_i, v_i) 的方法有很多种，这里给出如图 3.17 所示的五种可行方案。

方案一：$(U, V) \sim \text{i.i.d Uniform}\left(-\dfrac{W}{2}, -\dfrac{W}{2}\right)$。$(u_i, v_i)$ 独立均匀地分布在图像块中并允许靠近图像块边缘，如图 3.17(a) 所示。

方案二：$(U, V) \sim \text{i.i.d Gaussian}\left(0, \dfrac{1}{25}W^2\right)$。$(u_i, v_i)$ 通过两个相互独立的高斯采样获得。实验证明 $\dfrac{W}{2} = \dfrac{5}{2}\sigma \Leftrightarrow \sigma^2 = \dfrac{1}{25}W^2$ 时性能最佳，如图 3.17(b) 所示。

方案三：$U \sim \text{i.i.d Gaussian}\left(0, \dfrac{1}{25}W^2\right)$，$V \sim \text{i.i.d Gaussian}\left(u_i, \dfrac{1}{100}W^2\right)$。该方案

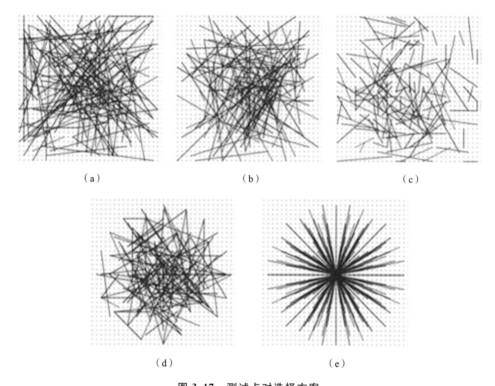

图 3.17 测试点对选择方案

(a) 方案一;(b) 方案二;(c) 方案三;(d) 方案四;(e) 方案五

采用两步法,首先使用高斯采样获得u_i,然后以u_i为中心,使用高斯采样获得v_i,该方法约束测试点具有局域性。实验证明第二个高斯函数的方差满足$\frac{W}{4} = \frac{5}{2}\sigma \Leftrightarrow \sigma^2 = \frac{1}{100}W^2$时性能最佳,如图 3.17(c)所示。

方案四:(u_i, v_i)通过在量化的极坐标网格上随机采样获得,如图 3.17(d)所示。

方案五:u_i固定为中心点,v_i是极坐标网格上所有可能点,如图 3.17(e)所示。

有关 BRIEF 的论文对五种方案进行实验分析,实验结果表明,方案五相对于其他采用随机生成测试点对的方案,性能有很大退化。

参考文献

[1] LOWE D G. Object Recognition from Local Scale-Invariant Features[C]. International Conference on Computer Vision,1999:1150-1157.

[2] LOWE D G. Distinctive Image Features from Scale-Invariant Keypoints[J]. International Journal of Computer Vision,2004,60(2):91-110.

［3］CANNY J F. A Computational Approach to Edge Detection［C］//IEEE Trans-actions on Pattern Analysis and Machine Intelligence. 1986（6）：679-698.

［4］BAY H，ESS A，TUYTELAARS T，et al. Speeded-up Robust Features（SURF）［J］. Computer Vision and Image Understanding，2008，110（3）：346-359.

［5］MATAS J，CHUM O，URBAN M. Robust Wide-Baseline Stereo from Maxi-mally Stable Extremal Regions［J］. Image and Vision Computing，2004，22（10）：761-767.

［6］ROSTEN E，DRUMMOND T. Fusing Points and Lines for High Performance Tracking［C］//IEEE International Conference on Computer Vision. 2005，2：1508-1515.

［7］HARRIS C G，STEPHENS M J. A Combined Corner and Edge Detector［C］// Proceedings of the Fourth Alvey Vision Conference，1988：147-152.

［8］REDDY B S，CHATTERJI B N. An FFT-based Technique for Translation，Rotation and Scale-invariant Image Registration［J］. IEEE Transactions on Im-age Processing，1996，5(8)：1266-1271.

［9］MALLAT S G. A Theory for Multiresolution Signal Decomposition：The Wavelet Representation［J］. IEEE Transactions on，Pattern Analysis and Ma-chine Intelligence，1989，11(7)：674-693.

［10］CALONDER M，LEPETIT V，OEZUYSAL M，et al. BRIEF：Computing a Local Binary Descriptor Very Fast［J］. IEEE Transactions on Pattern Analy-sis and Machine Intelligence，2012，34(7)：1281-1298.

［11］MIKOLAJCZYK K，SCHMID C. A Performance Evaluation of Local Descrip-tors［J］. IEEE Transaction on Pattern Analysis and Machine Intelligence，2005，27(10)：1615-1630.

第4章 基于FPGA＋DSP硬件架构的SIFT算法实时实现

SIFT算法对尺度变换、旋转变换、光照变化都具有不变性,同时对仿射变换、噪声等都具有一定的鲁棒性,在计算机视觉领域的应用非常广泛。然而该算法的鲁棒性以计算量为代价,原始SIFT算法在640×480的图像中检测SIFT特征点耗时4 s左右,如再考虑后续的描述向量提取、描述向量匹配,系统难以满足计算实时性的需求。

本章对原始SIFT算法进行精炼分析,提出使用FPGA＋DSP的硬件架构对SIFT算法加速,其中FPGA完成计算量大、计算规整、逐像素操作的特征点检测,而DSP负责针对特征点、计算流程复杂的描述向量提取,实时实现SIFT算法的全部流程。本书在软/硬件协作分工、DoG图像金字塔构建、算法流程上进行提炼改造,使其更适合于使用FPGA＋DSP的硬件架构并行加速。

4.1 概　　述

SIFT算法是一种从图像中提取不变性好、可区分度高的特征点的非常有效的方法。SIFT算法由以下4个部分组成:① 高斯差分图像尺度空间构建;② 稳定的极值点检测;③ 梯度方向和强度计算;④ 描述向量提取。其中前3个部分可合称为特征点检测,而将第4个部分称为特征点描述。作为目前学界最鲁棒的特征检测与描述算法,SIFT相对于其他方法的主要优势在于其对图像位移、缩放和旋转都具有不变性,对光照变化、仿射变换、投影变换及噪声也具有鲁棒性。SIFT算法在三维重建、目标跟踪和目标识别等领域都得到广泛应用。然而,它的计算量非常大,基本上无法通过纯软件方法达到实时计算的目的。

为此,我们提出一种新型高效的硬件架构,该架构中SIFT特征检测部分由FPGA完成,而SIFT特征描述部分运行于高性能定点DSP中。该FPGA＋DSP硬件架构是完全独立的计算模块,可以由相机输出的视频流直接驱动。大量实验证明,该系统的计算性能非常强悍,其特征检测速度在分辨率为320×256的图像序列中可以达到100 f/s。在很多实际应用系统中,SIFT描述向量提取都是计算瓶颈,然而我们提出的FPGA＋DSP硬件架构提取SIFT描述向量的平均速度为80微秒/特征。本架构的创新点包括以下几方面。

(1) 提出使用FPGA＋DSP硬件架构实时提取SIFT特征,在FPGA中检测稳定的 SIFT 特征点,而 DSP 提取 SIFT 描述向量,处理速度达到 50 f/s。

(2) 优化二维高斯滤波器和 DoG 图像金字塔构建模块的层叠结构,从而降低 FPGA 资源占用率。此外,该架构提炼并改造候选特征点检测、低对比度点剔除和强边缘点剔除等 3 个部分的并行度,提升系统计算速度,既不增加 FPGA 资源占用率也不降低系统性能。本架构在特征检测模块没有丢弃局部极小值的情况下依然能实现实时计算。

(3) 使用高性能定点 DSP 打破 SIFT 描述向量提取模块的计算瓶颈,将 SIFT 描述向量提取速度由 11.7 毫秒/特征提升至 80 微秒/特征,计算速度提升了约 145 倍。

4.2　硬件架构

本架构根据二维高斯核的可拆分性和对称性对二维高斯滤波器进行优化,按照相关建议对二维高斯滤波器层叠结构进行优化;提炼并改造特征点检测模块的并行特性,对 SIFT 算法进行模块级的并行改造,在不增加 FPGA 资源占用率的前提下对系统加速。本设计中梯度方向与强度计算模块、极值点检测模块的数据位宽通过实验分析寻优,在不损失精度的前提下降低 FPGA 资源占用率。归功于以上优化方法,本设计中包含了 SIFT 算法的所有组成部分,同时能满足计算实时性的需求。

4.2.1　系统架构概述

考虑到 SIFT 特征检测模块对计算量的需求,本章分析提炼 SIFT 特征点检测部分的并行度,并在单片 FPGA 中实现 SIFT 特征点检测模块。为使描述向量提取模块灵活性更高,本架构将特征描述向量提取的大部分工作放在 DSP 中实现,系统架构如图 4.1 所示。本硬件架构由高斯差分图像金字塔构建模块(DoG)、梯度方向及强度计算模块(OriMag)、稳定的极值点检测模块(SED)、复选器模块(MUX)、高性能处理器接口模块(HPINF)和特征描述向量提取模块组成。DoG 模块由相机输出视频流直接驱动,并对图像进行高斯滤波和图像相减操作。OriMag 模块为 DoG 模块输出高斯图像计算梯度强度 $m(x,y)$ 和梯度方向 $\theta(x,y)$。SED 模块在 DoG 尺度空间中检测 SIFT 特征点。系统中有两组并行的 OriMag 和 SED 模块,第一组 OriMag 和 SED 模块用于第一组图像(Octave 0),而第二组 OriMag 和 SED 模块由第二组图像(Octave 1)和第三组图像(Octave 2)共享。HPINF 接收 SIFT 特征的位置、梯度方向与梯度强度等信息,并将这些信息发送给描述向量提取模块。而运行于 DSP 中的描述向量提取模块根据特征点位置、梯度方向与梯度强度信息提取 SIFT 描述向量。

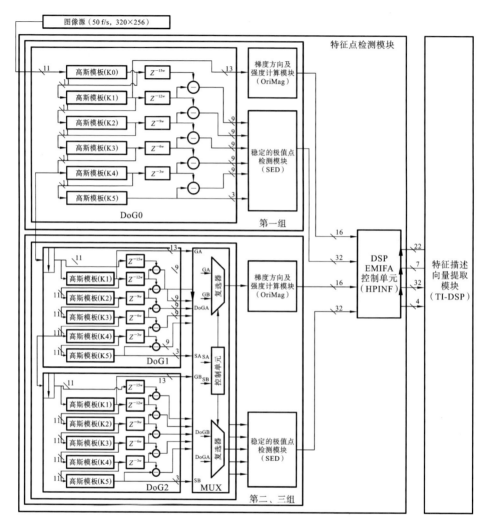

图 4.1　实时视觉特征检测与匹配硬件架构

4.2.2　各模块硬件设计

1. DoG 模块设计与参数选取

考虑到二维高斯核的可拆分性和对称性,首先将二维高斯核拆分为两个一维高斯核,将乘法器数量由 N^2 减少至 $2N$,然后利用高斯模板的对称性将乘法器数量由 $2N$ 减少至 $N+1$,其中 N 为模板宽度。显然,该架构相比传统二维卷积方法,效率更高。参考文献[14]也提出了一种二维高斯滤波器的改进方法,在假设位置 1 和位置 7 的值为 0 或 1 的情况下,7×7 的高斯核需要 8 个乘法器,当假设不成立时,需要占用 11 个乘法器。然而,本架构对任何 7×7 的二维高斯核仅占用 8 个乘法器,如图

4.2 所示。图中 W 表示图像宽度，CALC_DELAY 表示由寄存器和加法器等引起的计算延时，$\mathrm{SUM}=\sum\limits_{i=1}^{7}K_i$ 为一维高斯核中所有元素之和，H-SYNC 与 V-SYNC 分别表示行、场同步信号。此外，本架构并未重复使用 K_1 与 K_2 的乘积结果，节省了 6 个延时单元，而加法器数量并未增加，因为 FPGA 中加法器是二输入加法器。

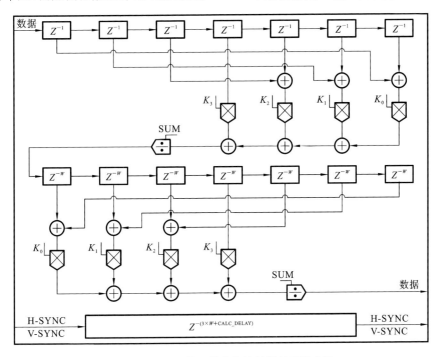

图 4.2　优化后的二维高斯滤波模块硬件架构

如图 4.2 所示，二维高斯滤波需要两个除法操作使输出图像与输入图像的灰度值域相同，而 FPGA 中除法器占用大量资源。为避免使用除法器，本架构采用定点乘法器替代除法器；为了保持计算精度，本设计将灰度值放大 2^{10} 倍。因此，高斯图像使用定点数格式(8.10)表示，其中 8 代表整数位宽，10 代表小数位宽。

此外，本设计采纳参考文献[36]的建议，在完成一组二维高斯滤波后，将第 4 幅图像隔行隔列降采样，作为下一组的第 1 幅图像。就尺度而言，降采样与上一组的开始没有差别，却减少了一个二维高斯滤波器的资源，如图 4.1 中 DoG 模块所示。

2. 稳定的极值点检测模块

该架构中稳定的极值点检测模块为全并行硬件架构，主要由 5 个部分组成：像素窗生成器、极值点检测模块、低对比度点剔除模块、强边缘点剔除模块和特征点位置信息存储模块，如图 4.3 所示。像素窗生成器缓存两行图像生成 3×3 的图像块，极值点检测模块将当前 DoG 像素与相邻的 26 个 DoG 像素进行比较，判断当前 DoG

像素是否为局部极值点(极大值或极小值)。低对比度点剔除模块将当前 DoG 像素值与固定阈值(本架构中该值为 3,DoG 灰度值域为[-31.0,32.0])进行比较,判断当前像素点是否为低对比度点。为了达到全并行处理的目标,本架构直接使用 DoG 的灰度值与阈值比较,并非原文提出的修正后的灰度值。强边缘点剔除模块利用当前 DoG 像素及其周围 DoG 像素构建 Hessian 矩阵,并将 Hessian 矩阵最大特征值与最小特征值的比值与固定阈值(本章中该值为 10)进行比较。最后,综合极值点检测模块、低对比度点剔除模块与强边缘点剔除模块的估计结果,判断当前 DoG 像素是否为稳定的局部极值点,并将其作为 SIFT 特征点。特征点位置信息存储模块接收稳定极值点的评估结果,并将 SIFT 特征点的相关位置信息存入特征点 FIFO(KP_FIFO)。考虑到同一组分辨率不同尺度检测出的 SIFT 特征点,如果坐标一致,则提取的描述向量也一致,因此在特征点位置信息存储过程中,如果同一个坐标值存在多个特征点,则只存储一个位置信息。

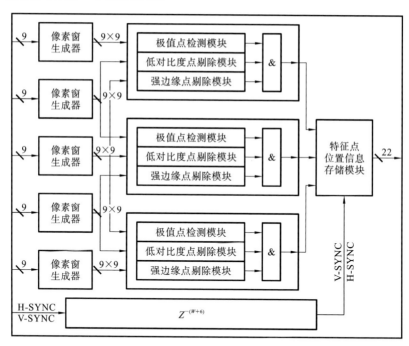

图 4.3 全并行的稳定极值点检测模块硬件架构

归功于本章提出的全并行硬件架构,稳定的极值点检测模块在每个时钟周期都能输出所有尺度当前像素的评估结果。此外,该模块的最高运行频率能达到 106 MHz。而分辨率为 320×256 的图像帧频为 100 f/s 时,其时钟频率只有 10 MHz。因此,本章提出的特征点检测模块对分辨率为 320×256 的图像序列能轻松满足计算实时性的需求。

因为二维高斯滤波器的输出使用定点数格式(8.10)，即 8 位整数、10 位小数，DoG 模块需要 19 位(9.10)，即用 9 位整数、10 位小数表示一个像素。然而，在自然图像中，D_s 的绝对值几乎不可能大于 32，而且 D_s 的理论上限也只有 46(当且仅当 DoG 核所有正数对应的像素灰度值为 255，而所有负数位置对应的像素灰度值为 0 时达到)。高斯差分核如图 4.4 所示。因此，对于 D_s 而言，位宽为 16 位(6.10)已经足够。此外，本章统计了 FPGA 资源占用率随像素位宽变化而变化的曲线，如图 4.5 所示。实验结果表明，FPGA 资源占用率与 D_s 位宽成正比。可以在不降低特征点检测性能的前提下，达到降低 FPGA 的资源占用率。本章在 100 幅图像对中，统计了特征检测率等性能指标，实验结果如图 4.6 所示。对于 D_s 而言，位宽为 9 已经足够(1 位符号位、5 位整数和 3 位小数)，使用更大位宽，性能几乎没有提升，而占用的资源却呈线性增长。

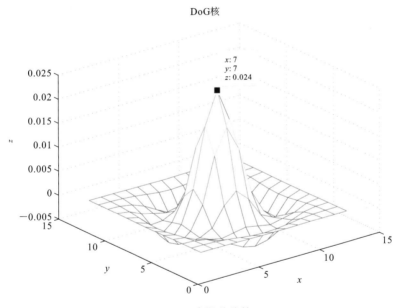

图 4.4　高斯差分核

3. OriMag 模块

SIFT 描述向量的提取需要使用 SIFT 特征点邻域像素的梯度方向与强度信息。为了能够实时提取 SIFT 描述向量，在稳定的特征点模块检测特征点的同时，OriMag 模块为每个像素计算梯度方向与梯度强度。该模块在 FPGA 中实现，其模块框图如图 4.7 所示，其中 atan2 表示 FPGA 中反三角函数操作的 IP 核，而 sqrt 为求平方根的 IP 核，W 表示图像宽度，而 CALC_DELAY 表示流水线级数，本节中该值为 22。

考虑到梯度方向与梯度强度运算都是浮点运算，在转化为定点数运算时，需要考虑有限字长效应的影响。本节使用字长优化指标选择 OriMag 模块的最优字长。实

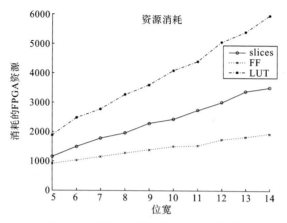

图 4.5 资源占用率与 D_s 位宽关系曲线

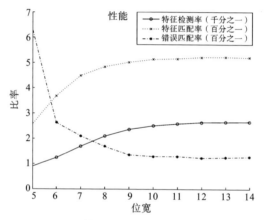

图 4.6 算法性能与 D_s 位宽关系曲线

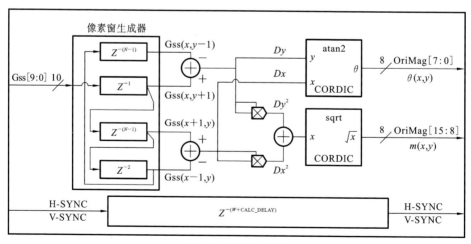

图 4.7 OriMag 模块

验是在如图 4.8 所示的 4 幅图像中统计浮点运算与定点数运算平均误差,梯度方向与梯度强度的误差统计结果分别如图 4.9、图 4.10 所示。从实验结果可以看出,位宽取 10 对 OriMag 模块已经足够,使用更高位宽将增加资源占用率,但准确度却没有明显提升。

图 4.8　用于实验的图像

（a）建筑；（b）书籍；（c）车辆；（d）船舶

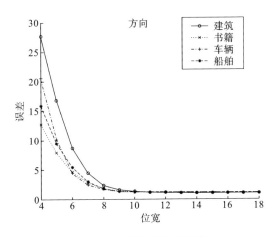

图 4.9　梯度方向平均误差

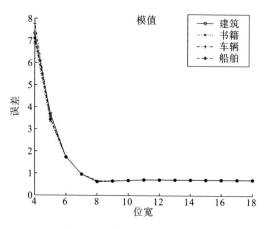

图 4.10　梯度强度平均误差

4.2.3　SIFT 描述向量提取模块

SIFT 描述向量提取模块计算流程主要由方向直方图统计、主方向赋值、描述向量提取及描述向量归一化等 4 个部分组成。如图 4.11 所示,计算流程中存在较多回跳,而且多次应用原始图像数据,不符合规整性原则,不适合使用 FPGA 加速。我们提出使用高性能定点 DSP 提取 SIFT 描述向量,因为 DSP 比通用处理器更适合计算密集型任务,比 FPGA 更适合计算流程复杂的计算任务。此外,使用 DSP 提取 SIFT 描述向量的另一个优点是可根据应用需求合理改变输出接口与数据形式,提高系统的可扩展性。

在本架构的大部分应用环境中,每幅图像的特征点数量大约为 200 个。为了满足计算实时性的需求(50 f/s),为每个特征点提取描述向量所消耗的时间不得超过 100 μs。此外,本章的目标是提供低功耗嵌入式实时 SIFT 特征点及描述向量提取模块,因此其功耗被约束在 10 W 以内。综合以上设计约束,本架构选择 TMS320C6455 作为特征点描述向量提取模块的处理器,FPGA＋DSP 硬件架构的总功耗为 8.35 W,满足低功耗的设计需求。

1. SIFT 描述向量提取模块硬件架构

SIFT 描述向量提取模块硬件架构如图 4.12 所示。SIFT 描述向量提取模块在型号为 TMS320C6455 的 TI 高性能定点 DSP 中实现,该 DSP 通过外部存储接口(external memory interface,EMIF)从 FPGA 中读取梯度强度、梯度方向及特征点位置信息。OM0_FIFO、OM1_FIFO 和 OM2_FIFO 分别用于存储 OriMag 模块中第一组、第二组和第三组输出的梯度方向与梯度强度数据。KP_FIFO 用于存储 SED 模块输出的特征点位置信息。增强型直接存储器访问(enhanced direct memory access,EDMA)为 DSP 内置外设,用于加速梯度信息读取,减少 DSP 计算时间占用率。

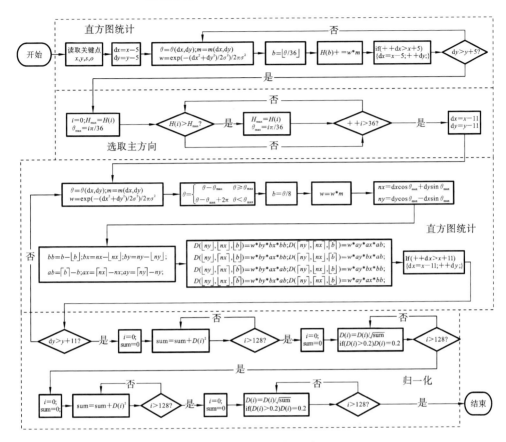

图 4.11　描述向量提取过程

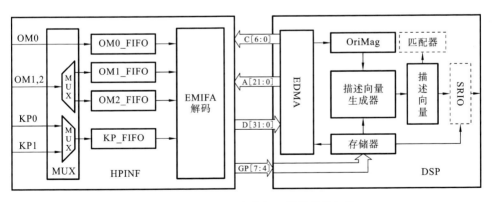

图 4.12　SIFT 描述向量提取模块硬件架构

2. DSP 计算流程

本架构使用 DSP 完成 SIFT 描述向量提取,DSP 除了完成如图 4.11 所示的计算流程之外,还需完成外设接口初始化以及 DSP 与 FPGA 的通信接口初始化。

SIFT 描述向量提取模块的整体调度流程如图 4.13 所示。首先初始化 DSP 的各种外设资源,包括 EDMA、GPIO、SRIO 和 EMIF 接口等;然后等待 FPGA 输出 SIFT 特征点;如果 FPGA 检测到特征点,则 DSP 从 KP_FIFO 中读取一个特征点的相关位置信息,如组别、尺度编号、坐标位置等,同时 DSP 从 OM_FIFO 中读取当前特征点周围像素的梯度方向与梯度强度信息;使用邻域像素的梯度方向与梯度强度按图 4.11 所示的流程统计加权方向直方图,并将方向直方图中最大值所对应的方向作为当前特征点的主方向;最后旋转坐标轴使特征点主方向与 x 轴正方向相同,使用特征点周围的梯度方向与梯度强度信息提取 SIFT 描述向量,并归一化。

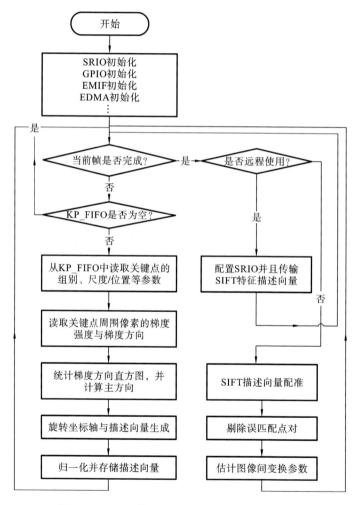

图 4.13 SIFT 描述向量提取模块整体调度流程

完成当前帧所有 SIFT 特征点的描述向量提取后,DSP 根据系统当前的工作模式开展以下工作:① 工作模式为远程应用,系统将配置 DSP 的 SRIO 资源,并将

SIFT 描述向量通过 SRIO 接口发送至远程工作平台；② 工作模式为本地应用，系统将当前帧的 SIFT 描述向量存储在 DSP 内部或外部存储器中，计算当前帧 SIFT 描述向量与前一帧 SIFT 描述向量的距离(本章使用欧氏距离)，并使用 BBF 策略查找有效匹配点对，如有需要 DSP 甚至可以使用 RANSAC 剔除误匹配点对的影响，并估计图像对之间的空间变换关系。

3. 描述向量提取模块的优化

本系统使用的高性能定点型 DSP 型号为 TMS320C6455，其系统时钟频率为 1 GHz。该 DSP 有 8 个内置计算单元，如果没有资源冲突，8 个计算单元可并行运算，其理论计算能力可达 8000 MIPS/MMACS。然而，在实际应用中，计算单元之间难免存在资源冲突，使得运算性能有所减弱。为了满足系统对计算实时性的需求，本系统根据 DSP 的硬件架构特性优化代码，降低计算单元之间资源冲突的概率，极大地发挥 DSP 的并行计算能力。下面简要介绍本设计主要使用的 DSP 代码优化技术。

(1) 使用定点运算替代浮点运算。TMS320C6455 是定点型处理器，其定点数运算速度比浮点数运算速度快很多。因此在设计过程中，本系统将所有数据使用定点数表达。例如，将梯度方向的值域定义为 $[-128, 127]$，而非 $[-1.0, 1.0]$ 或 $[-\pi, \pi]$。在将浮点数运算量化为定点数运算时需要考虑有限字长效应，详情请参考第 1.3.4 节中关于有限字长效应的阐述。

(2) 关键路径循环展开。循环会中断处理器的流水线，增加资源冲突概率，因此本设计将运算密集度最高处的循环展开，降低资源冲突概率、降低循环跳转造成的计算开销、增加有效流水线级数。例如，在 SIFT 描述向量提取过程中，需要将高斯加权后的梯度强度累加到与其相关联的 8 个方向柱中，该循环需要执行 kw^2 次，其中 k 表示图像中特征点数量，w 表示提取描述向量的图像宽度，本设计将该循环展开以提高计算性能。

(3) 使用汇编语言实现关键路径。例如，在 SIFT 描述向量提取阶段，为对 SIFT 描述向量进行归一化，DSP 需要执行开方运算。不幸的是，标准编译工具提供的开方运算并不支持 64 位整数操作。虽然可以使用浮点运算解决该问题，但系统性能将大幅降低。因此，本设计使用汇编语言设计 64 位整数开方运算从而提高系统处理速度。

(4) 其他优化技术。除上述 DSP 代码优化技术之外，本设计还使用了其他优化技术，如使用循环缓存提高计算速度并降低循环部分的代码量、对复杂表达式进行等效简化、在不影响计算正确性的情况下交换循环次序降低资源冲突等。

归功于本设计使用的 DSP 代码优化技术及 DSP 的计算性能，本系统中 SIFT 描述向量提取模块仅需 80 μs 就可以完成单个 SIFT 描述向量提取。因为在本设计的大部分应用环境中，分辨率为 320×256 的图像特征点数量平均为 200 个，因此本章提出的 SIFT 描述向量提取模块提取 SIFT 描述向量的速度约为 16 ms/f，可以轻松满足计算实时性的需求(50 f/s)。

4.3 等效并行度分析

等效并行度是指每个时钟周期 FPGA 完成的等效操作数量,可通过以下公式计算:

$$等效并行度＝计算速率/工作频率 \tag{4.1}$$

其中,计算速率是指每秒钟完成的操作数量,为输出单个结果所需的操作数与像素吞吐量的乘积,即

$$计算速率＝操作数/像素×像素/秒 \tag{4.2}$$

假设每个操作只需一个时钟周期。

4.3.1 需求的等效并行度

本系统采用 3 组分辨率,每组 6 个尺度的系统配置,因此系统总共包含 18 个高斯滤波器。第一、二、三组图像的分辨率分别为 320×256、160×128 和 80×64,图像帧频为 50 f/s,因此二维高斯滤波器层叠结构的总吞吐率为 32.256 兆像素/秒,图像差分模块的吞吐率为 26.88 兆像素/秒,特征点检测模块的吞吐率为 16.128 兆像素/秒。二维高斯滤波器完成单个像素处理需要 22 个操作,图像相减时每个像素仅需 1 个操作,特征点检测每个像素需要 45 个操作,上述模块的计算速率分别为 709.632 兆操作数/秒、26.88 兆操作数/秒和 725.76 兆操作数/秒。特征点检测模块直接由相机的输出图像驱动,而帧频为 50 f/s、分辨率为 320×256 的视频序列的时钟频率为 10 MHz,因此特征点检测模块的工作时钟为 10 MHz。综上所述,特征点检测模块中 3 个子模块所需求的等效并行加速比分别为 71×、2.688× 和 72.576×。

OriMag 模块为每组中第一幅高斯图像的每个像素计算梯度方向与梯度强度,其像素吞吐率为 5.376 兆像素/秒,每个像素需要 39 个操作,因此该模块需要的操作数为 209.664 兆操作数/秒。该模块需求的等效并行加速比接近 21×。

4.3.2 能达到的等效并行度

为了更清晰地说明本架构的计算性能,本节对各部分的并行度进行分析。本章提出的 SIFT 特征点检测系统为全并行/流水硬件架构,系统能达到的最高计算速度取决于运行速度最慢的模块。只有所有模块都能达到 50 f/s 的运算速度,系统才能满足计算实时性的需求。下面分析各模块能达到的等效并行度。

(1) DoG 模块:该模块构建 3 组高斯差分图像金字塔,其中包含 3 个不同分辨率的组,每组 6 幅高斯图像和 5 幅高斯差分图像。第二、三组高斯图像的分辨率分别为第一组图像的 1/4、1/16,本架构中 DoG 模块为全并行/流水硬件架构,二维高斯滤波器模板

大小为 7×7。如图 4.2 所示,每个二维高斯滤波器需要 12 个加法运算、8 个乘法运算、2 个除法运算,共 22 个操作,因此层叠高斯滤波器组的等效并行度为 $22×6+22×\frac{6}{4}+22×\frac{6}{16}=173.25$。图像相减只需 1 个减法操作,其等效并行度为 $1×5+1×\frac{5}{4}+1×\frac{5}{16}=6.5625$。

(2) 特征检测模块:如图 4.3 所示,极值点检测模块比较当前像素与相邻的 26 个相邻像素的大小,并综合比较结果判断当前像素是否为极值点,需要 29 个操作,低对比度点检测模块需要 2 个操作(1 个取绝对值,1 个比较操作),强边缘点检测需要 14 个操作,共计需要 45 个操作。每组中只有 3 个尺度的高斯差分图像能检测 SIFT 特征点,因此本模块的等效并行度为 $45×3+45×\frac{3}{4}+45×\frac{3}{16}=177.1875$。

(3) OriMag 模块:如图 4.7 所示,OriMag 模块计算单个像素的梯度方向及梯度强度需要 3 个加法运算、2 个乘法运算、1 个反三角运算和 1 个开方运算,其中反三角运算需要 13 个基本操作,而开方运算需要 21 个基本操作,共计 39 个操作。而本模块为全并行/流水硬件架构,每个时钟周期能输出 1 个数据,因此其等效并行度为 $51.1875\left(39+39×\frac{1}{4}+39×\frac{1}{16}\right)$。

表 4-1 总结了上述关于硬件架构中各模块计算量与能达到的等效并行度的分析。本系统中特征点检测模块的所有子模块所能达到的等效并行度都超出了 50 f/s 所需的等效并行度。整个实时 SIFT 特征点检测模块的处理速度达到 1.672 吉操作数/秒,像素吞吐率达到 80.64 兆像素/秒。

表 4-1　硬件架构中各模块计算量与能达到的等效并行度分析

系统模块	功能	兆像素/秒	操作数/像素	兆操作数/秒	系统时钟/MHz	需求并行度	能达到的等效并行度
DoG	高斯滤波	32.256	22	709.632	10	71×	173.25×
	图像相减	26.88	1	26.88	10	2.688×	6.5625×
SED	特征检测	16.128	45	725.76	10	72.576×	177.1875×
OriMag	梯度计算	5.376	39	209.664	10	21×	51.1875×
总计	系统整体	80.64	—	1672	—	—	—

4.4　测试与验证

在硬件系统设计时,虽然本系统尽量遵照原始 SIFT 算法,但是考虑到 FPGA 的运算特点,本设计对原始 SIFT 算法进行了部分调整。为了验证系统性能,本节从 3 个方面对该系统展开评估。首先,使用一个序列图像测试系统精度,并将测试结果与纯软件版本 SIFT 算法进行比较;然后,阐述该系统的 FPGA 逻辑资源占用情况;最后,将本章提出的 SIFT 算法实时计算系统与其他相关系统进行比较。

4.4.1 性能验证及结果分析

为了评估系统的精度与稳定性,本节从输入图像序列中检测 SIFT 特征点,并为每个特征点提取 SIFT 描述向量。最后按照有关 SIFT 算法论文的建议,采用 BBF 算法在相邻两幅图像中匹配 SIFT 描述向量,SIFT 描述向量匹配由高性能定点型 DSP 完成。在由 101 帧测试图像组成的图像序列中,这里提出的 SIFT 算法实时实现系统总共检测出 12536 个特征点,其中有 3031 对匹配点对,匹配点对的正确率为 96.9%。BBF 算法通过最好匹配结果与次好匹配结果的距离比值判断是否存在有效的匹配点对,本系统将该阈值设定为 0.4。

为了进一步测试系统性能,本节还将本硬件系统的匹配精度与纯软件版本的 SIFT 算法进行比较。在以下测试中,SIFT 算法配置为 3 组分辨率,每组有 6 个尺度高斯图像、5 幅高斯差分图像。图 4.14 给出本实验的匹配结果,图像对图(a)~(d)分别测试系统在尺度缩放、旋转变换和仿射变换情况下静态图像对的配准精度,图像对图(e)、图(f)测试场景中存在运动目标情况下的匹配精度,其中软件版本采用参考文献[31]提供的源代码。在测试时,实时 SIFT 算法计算系统的图像来源为相机模拟器,该模拟器通过 PCI 从 PC 中读取序列图像数据,将图像数据转化为像素流,并模拟相机时序。

如图 4.14 所示,在图像对图(a)、(c)和(d)中本系统匹配点对数量比原始图像的少;而在图像对图(b)和(e)中本系统匹配点对数量与原始图像的基本一致;而在图像对(f)中,本系统与原始图像的匹配点对数量都无法正确估计图像间的空间变换关系。实验结果表明,本章提出的实时 SIFT 算法计算系统的匹配精度比 SIFT 算法原始图像的略差。引起该差异的一个重要原因是有限字长效应,因为本系统在整个计算过程中完全使用定点数运算,与浮点数运算相比存在截位误差。解决该问题的一个有效方案是增加定点数位宽,然而这将增加系统资源占用率。综上所述,本系统对计算速度与匹配精度进行权衡,最终在满足应用对精度需求的基础上达到计算机视觉应用系统对 SIFT 算法计算实时性的要求。

4.4.2 资源占用率分析

SIFT 算法的特征点检测部分在 Xilinx 公司型号为 XC4VSX35 的 FPGA 上使用 Verilog HDL 编程实现,而 SIFT 算法的描述向量提取部分则在 TI 公司型号为 TMS320C6455 的 DSP 芯片上使用标准 C 语言和 DSP 汇编语言混合编程实现。

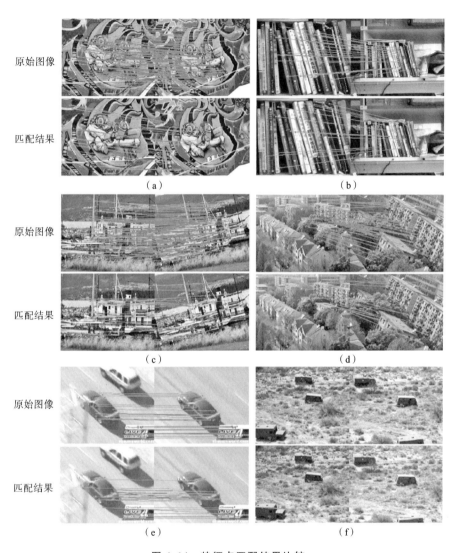

图 4.14　特征点匹配结果比较

　　该系统中各模块的资源占用情况如表 4-2 所示。从表中可以看出,整个系统占用了 FPGA 75％的逻辑资源、29％的 DSP48 资源和 81％的 BRAM 资源。归功于本设计对 DoG 模块和 SED 模块的优化,该系统能在单片 FPGA 中实现全并行/流水的 SIFT 特征点检测,而 FPGA 中剩余的逻辑资源可用于加速矩阵操作和图像滤波等其他计算。此外,该系统各模块的最大运行频率都达到了 100 MHz 以上,并且在分辨率为 320×256、帧频为 50 f/s 的时钟频率 10 MHz 情况下,本系统能非常稳定地运行。

表 4-2　本系统中各模块的 FPGA 资源占用情况

模块名	LUT	FF	Slices	DSP48	BRAM/Kb	最大频率/MHz
高斯滤波器	710	338	430	0	54	129.018
DoG	7562	4675	4751	0	1944	119.154
OriMag	1130	762	748	0	18	140.608
SED	2211	786	1333	12	90	153.231
整个系统	18195 (59%)	11821 (38%)	11599 (75%)	56 (29%)	2808 (81%)	106.577

4.5　本章小结

本章提出一种计算效率非常高的 SIFT 特征检测与描述向量提取硬件系统,它融合了 FPGA 并行/流水的计算特性与高性能定点型 DSP 的灵活性。在 320×256 的图像中检测 SIFT 特征点仅耗时 10 ms,提取单个 SIFT 描述向量仅耗时 80 μs,在特征数量不超过 200 个时可满足计算实时性的需求。大量实验证明,该系统的处理速度比原始图像的提升了 2 个数量级,而匹配精度却没有明显下降。FPGA+DSP 硬件架构是完全独立的嵌入式系统,由相机输出直接驱动,因此可以方便地嵌入其他系统中,如智能相机、视觉机器人、实时图像配准系统等,为其提供稳定实时的 SIFT 描述向量。此外该 FPGA+DSP 硬件架构是通用的硬件架构,是低成本实时机器视觉应用非常不错的一个选择。

参 考 文 献

[1] YANG M, CRENSHAW J, AUGUSTINE B, et al. Adaboost-based Face Detection for Embedded Systems[J]. Computer Vision and Image Understanding, 2010, 114(11):1116-1125.

[2] FAN J, SHEN X, WU Y. What are We Tracking: A Unified Approach of Tracking and Recognition[J]. IEEE Transactions on Image Processing, 2013, 22(2): 549-560.

[3] FAN J, SHEN X, WU Y. Scribble Tracker: A Matting-based Approach for Robust Tracking[J]. IEEE Transactions on Software Engineering, 2012, 34(8): 1633-1644.

[4] JIANG N, SU H, LIU W, et al. Discriminative Metric Preservation for Tracking Low-Resolution Targets[J]. IEEE Transactions on Image Processing, 2012, 21(3): 1284-1297.

［5］ FAN J，XU W，WU Y，et al. Human Tracking Using Convolutional Neural Networks［J］. IEEE Transactions on Neural Networks，2010，21（10）：1610-1623.

［6］ SONG L M，WANG M P，LU L，et al. High Precision Camera Calibration in Vision Measurement［J］. Optics ＆ Laser Technology，2007，39（7）：1413-1420.

［7］ DWORKIN S B，NYE T J. Image Processing for Machine Vision Measurement of Hot Formed Parts［J］. Journal of Materials Processing Technology，2006，174（1/3）：1-6.

［8］ JAUMANN R，NEUKUM G，BEHNKE T. The High Resolution Stereo Camera（HRSC）Experiment on Mars Express：Instrument Aspects and Experiment Conduct from Interplanetary Cruise Through the Nominal Mission［J］. Planet and Space Science，2007，(55)：7-8.

［9］ 阮晓东，李世伦，诸葛良，等. 用立体视觉测量多自由度机械装置姿态的研究［J］. 中国机械工程，2000，11(5)：571-573.

［10］ STEVE V，MASAYUKI K，NAOKAZU Y. Binocular Vision-based Augmented Reality System with an Increased Registration Depth using Dynamic Correction of Feature Positions［J］. in Proceedings of the 2003 IEEE Virtual Reality，2003：271-278.

［11］ BELL J F，SQUYRES S W，HERKENHOFF K E. Mars Exploration Rover Athena Panoramic Camera（Pancam）Investigation［J］. Journal of Geophysical Research，2003，108(12).

［12］ 周骥. 智慧城市评价体系研究［D］.武汉：华中科技大学，2013.

［13］ 张天序，王岳环，钟胜. 飞行器光学寻的制导信息处理技术［M］. 北京：国防工业出版社，2014.

［14］ 孔渊，崔洪洲，周起勃. 多光谱图像配准实时处理技术研究［J］. 红外技术，2004，26(4)：41-44.

［15］ HUANG G M，GUO J K，LV J G，et al. Algorithms and Experiment on SAR Image Orthorectification Based on Polynomial Rectification and Height Displacement Correction［C］. Science of surreying and mapping，2004.

［16］ ZHENG Y，CAO Z，XIAO Y. Multi-Spectral Remote Image registration Based on SIFT［J］. Electronics Letters，2008.

［17］ KHWAJA S，F FAMIL L，Pottier E. SAR Raw Data Simulation in Case of Motion Errors［C］. IEEE Radar Conference，2008.

［18］ GOSHTASBY A A，NIKOLOV S. Image Fusion：Advances in the State of the Art[J]. Information Fusion, 2007, 8(2):114-118.

[19] ACHALAKUL T, HAALAND P D, TAYLOR S. MathWeb: A Concurrent Image Analysis Tool Suite for Multispectral Data Fusion[J]. Proceedings of spie the International Society for Optical, 2012: 112.

[20] 肖阳. 多谱图像融合与处理技术研究[D]. 武汉:华中科技大学, 2011.

[21] 俞飞. 微光双谱单通道彩色夜视技术[D].南京:南京理工大学, 2009.

[22] KERN J P, PATTICHIS M S. Robust Multispectral Image Registration Using Mutual-Information Models[J]. IEEE Transaction on Geoscience and Remote Sensing, 2007, 45(5): 1494-1505.

[23] 徐丽燕,王静,邱军,等. 基于特征点的多光谱遥感图像配准[J].计算机科学, 2011, 38(7):280-282.

[24] YU L, ZHANG D, HOLDEN E J. A Fast and Fully Automatic Registration Approach Based on Point Features for Multi-Source Remote-Sensing Images [J]. Computers and Geosciences, 2008, 34(7): 838-848.

[25] WEN G J, LV J, YU W. A High-Performance Feature-Matching Method for Image Registration by Combining Spatial and Similarity Information[J]. IEEE Transactions on Geoscience and Remote Sensing, 2008, 46(4):1266-1277.

[26] 徐丽燕,张洁玉,孙巍巍,等.大幅面多光谱遥感图像快速自动配准[J].计算机科学,2012, 39(2):61-65.

[27] 冯林,管慧娟,腾弘飞. 基于互信息的医学图像配准技术研究进展[J]. 生物医学工程学杂志, 2005, 22(5):1078-1081.

[28] WANG L, LI B, TIAN L. EGGDD: An Explicit Dependency Model for Multi-Modal Medical Image Fusion in Shift-Invariant Shearlet Transform Domain[J]. Information Fusion,2014, 19: 29-37.

[29] HEINRICH M P, JENKINSON M, BHUSHAN M, et al. MIND: Modality Independent Neighbourhood Descriptor for Multi-Modal Deformable Registration[J]. Medical Image Analysis, 2012, 16(7): 1423-1435.

[30] 宋智礼.图像配准技术及其应用的研究[D].上海:复旦大学,2010.

[31] WANG L, LI B, TIAN L. Multi-Modal Medical Image Fusion Using the Inter-Scale and Intra-Scale Dependencies Between Image Shift-Invariant Shearlet Coefficients[J]. Information Fusion, 2012, 19(9):20-28.

[32] WEBER R, SCHEK H J, BLOTT S. A Quantitative Similarity-Search Analysis and Performance Study for Methods in High-Dimensional Spaces[J]. Very Large Data Bases, 1998, 98: 194-205.

[33] SINGH R, KHARE A. Fusion of Multimodal Medical Images Using Dau-

bechies Complex Wavelet Transform——A Multiresolution Approach[J]. Information Fusion，2014.

[34] SCHULZE D，HEILAND M，THURMANN H. Radiation Exposure During Midfacial Imaging Using 4-and 16-Slice Computed Tomography，Cone Beam Computed Tomography Systems and Conventional Radiography[J]. Deritomaxillofacial Radiology，2004.

[35] HAACKE E M，BROWN R W，CHEN YCN. Magnetic Resonance Imaging：Physical Principles and Sequence Design [M]. New York：Wiley and Sons，2014.

[36] LARDINOIS D，WEDER W，HANY T F. Staging of Non-Small-Cell Lung Cancer with Integrated Positron-Emission Tomography and Computed Tomography[J]. New England Journal of Medicine，2003，348(25)：2500-2507.

[37] HOLLY T A，ABBOTT B G，ALMALLAH M. Single Photon-Emission Computed Tomography[J]. Journal of Nuclear Cardiology，2010，17(5)：941-973.

[38] TERWILLIGER T C. Automated Main-Chain Model Building by Template Matching and Iterative Fragment Extension[J]. Acta Crystallographica Section D：Biological Crystallography，2003，59(1)：38-44.

[39] ZITOVA B，FLUSSER J. Image Registration Methods：A Survey[J]. Image and Vision Computing，2003，21(11)：977-1000.

[40] MAINTZ J B A，VIERGEVER M A. A Survey of Medical Image Registration [J]. Medical Image Analysis，1998，2(1)：1-36.

第 5 章 基于单片 FPGA 的实时视觉特征检测与匹配系统

5.1 概　　述

　　视觉特征的高效检测与稳定匹配是计算机视觉应用的基础问题之一。特征检测与匹配系统广泛应用于目标检测、从运动中重建场景、图像索引、视觉定位等领域。然而,这些应用对计算实时性都有非常高的要求,因此对视觉特征检测与匹配的计算实时性同样有非常严格的约束。虽然学界对视觉特征检测与匹配展开了深入研究,但归咎于该问题的复杂性,不使用特殊硬件的个人计算机难以满足计算实时性的需求。本章提出一种新型硬件架构实现视频序列中相邻帧图像的实时配准。

　　学界有很多视觉特征检测方法,如 Harris、SIFT 和 SURF 等,其中 SIFT 算法是检测与描述局部不变特征最有效的方法之一。相对于其他方法,SIFT 算法的主要优势在于对图像位移、尺度缩放和旋转变换都具有不变性,对光照变化也相当鲁棒。但它的计算复杂度非常高,使用纯软件方法难以满足计算实时性的需求。最近有些研究使用特殊硬件对 SIFT 算法的部分功能进行加速,有些解决方案勉强能满足计算实时性的需求,然而非常完备的特征检测、描述、匹配系统尚有待开发。除了特征检测之外,SIFT 描述向量提取部分同样非常耗时,已成为整个系统的速度瓶颈。此外,SIFT 算法的描述向量提取部分流程复杂度非常高,难以使用 FPGA 进行并行/流水加速。

　　学界存在很多从算法级对 SIFT 进行加速的解决方案。这些解决方案大体上可以分为两大类:① 降维法,通过主成分分析(principal component analysis,PCA)等降维法降低 SIFT 描述向量的维度;② 定点量化法,将 SIFT 描述向量的浮点数表达量化为整数编码从而降低位宽。Calonder 等提出一种非常高效的描述向量提取解决方案,并命名为二进制稳健独立的基元特征(binary robust independent elementary features,BRIEF)。BRIEF 显著地降低了描述向量提取时间及存储空间占用率,并保持非常高的匹配精度。

　　本章提出使用 BRIEF 描述向量替换 SIFT 描述向量,与 SIFT 特征点结合,并将整个特征检测与匹配系统在单片 FPGA 中实现。该系统由 SIFT 特征检测、BRIEF 描述向量提取和 BRIEF 描述向量匹配 3 部分组成。本章提出的特征检测与匹配系统能以 60 f/s 的处理速度在 720p 的视频序列中为相邻两帧图像建立对应关系,其处理速度能满足绝大多数计算机视觉应用系统对计算实时性的需求。该系统的主要贡献包含以下 3 方面：

（1）将整个基于 SIFT＋BRIEF 的视觉特征检测与匹配系统在单片 FPGA 上实现，此外，该系统能在 720p 的视频序列上达到实时计算的性能（60 f/s）；

（2）该方法结合 SIFT 特征点的稳定性、可重复性与 BRIEF 描述向量的高效性，满足计算视觉实际应用系统对计算实时性的需求；

（3）通过本设计提出的优化方法，使系统中 SIFT 特征点检测模块成为计算速度最快、FPGA 资源占用最少的解决方案之一。

本章的主要目标是在 720p 视频序列中实时提取图像局部特征并配准。如前所述，使用不依赖特殊硬件的纯软件方法难以实现高分辨率图像的实时特征提取与配准，研究者们提出使用并行硬件设备对算法进行加速。本章中整个特征提取与配准系统在单片 FPGA 中实时实现。因此在选择合适的特征提取、特征描述与特征匹配方法时，除了考虑计算复杂度之外，还需考虑 FPGA 资源占用率。在目前最具代表性的特征描述方法中，BRIEF 算法因其高效性和精确性，成为非常好的选择。此外，该算法的并行性非常好，这是使用 FPGA 加速非常重要的前提条件。

虽然 BRIEF 描述向量最初与 SURF 特征点检测方法联合使用，但是本设计只使用 SIFT 特征点检测替代 SURF。虽然 SIFT 特征点比 SURF 特征点更稳定、更鲁棒，但在使用纯软件实现时，SURF 特征点检测方法比 SIFT 特征点检测方法的速度快，在使用 FPGA 加速实现时，这两个方法的计算速度基本一致。综合考虑，本设计选择 SIFT 特征点检测方法替代 SURF 特征点检测方法与 BRIEF 描述向量联合。

为了在高帧频、高分辨率视频序列相邻帧图像之间建立对应关系，需要存储连续两帧图像的特征描述向量。本设计中描述向量匹配模块的主要任务是寻找具有最小汉明距离（hamming distance）的描述向量对，系统处理流程如图 5.1 所示。特征点检测模块在视频序列的每帧图像中检测 SIFT 特征点，BRIEF 描述向量提取模块为每个 SIFT 特征点提取 BRIEF 描述向量，BRIEF 描述向量存储在特征存储区 A 和特征存储区 B 中。最后，BRIEF 描述向量匹配模块从特征存储区 A 和 B 中读取 BRIEF 描述向量，寻找匹配向量对。

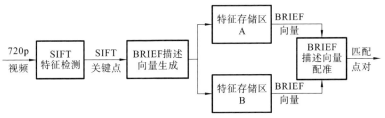

图 5.1　SIFT＋BRIEF 图像配准系统处理流程图

SIFT 特征检测由两部分组成：① 高斯差分图像金字塔的建立；② 特征检测与稳定性验证。除特征检测外,SIFT 算法还包含特征描述部分,但在本设计中 SIFT 描述向量被 BRIEF 替代,SIFT 特征点检测模块框图如图 5.2 所示。

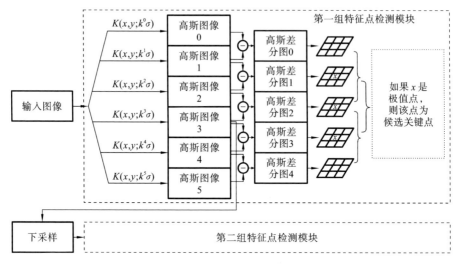

图 5.2　SIFT 特征点检测模块框图

5.2　硬件架构

本节首先介绍本章提出的实时视觉特征检测与配准硬件架构,然后给出特征检测与匹配系统各模块的技术细节。该系统能够在分辨率为 1280×720 的图像中检测 SIFT 特征点、提取 BRIEF 描述向量,并能以 60 f/s 的速度匹配 BRIEF 描述向量。

5.2.1　系统架构框图

考虑视觉特征检测与匹配系统对功耗、体积、计算能力等方面的约束,本章提出将整个视觉特征检测与匹配系统在单片 FPGA 中实现,系统主要由以下几个模块组成：① SIFT 特征点检测模块(SIFT_DET),如图 5.3(a)所示；② BRIEF 描述向量提取模块(BRIEF_DESC),如图 5.3(b)所示；③ BRIEF 描述向量存储模块(BRIEF_STOR),如图 5.3(c)所示；④ BRIEF 描述向量匹配模块(BRIEF_MATCH),如图 5.3(d) 所示。SIFT_DET 直接从相机输出的图像数据流中检测 SIFT 特征点,并将检测结果输出给 BRIEF_DESC 模块提取 BRIEF 描述向量。BRIEF_STOR 模块中包含两个双端口 RAM(dual port RAM,DPRAM),分别用于存储当前帧与前一帧图像的 BRIEF 描述向量。BRIEF_MATCH 模块的任务主要包含以下 3 方面：① 为当前帧每个 BRIEF 描述向量在前一帧图像的 BRIEF 描述向量集合中查找匹配的

BRIEF 描述向量；② 生成读匹配点对中断信号（ReadInt）；③ 记录当前帧与前一帧的有效匹配点对数量。

本硬件架构总体调度关系如图 5.3（e）所示。当图像分辨率为 1280×720 时，图示中 $A = 10265, B = 1026, C = 6, D = 8978$。本系统使用帧有效信号（frame vALid, FVAL）作为同步信号。SIFT_DET 输出第一个数据的时间点为 FVAL 信号上升沿之后的第 10265 个上升沿。BRIEF_DESC 从 KP_FIFO 中读取 SIFT 特征点的 1026 个时钟周期之后输出该 SIFT 特征对应的 BRIEF 描述向量。BRIEF_MATCH 从

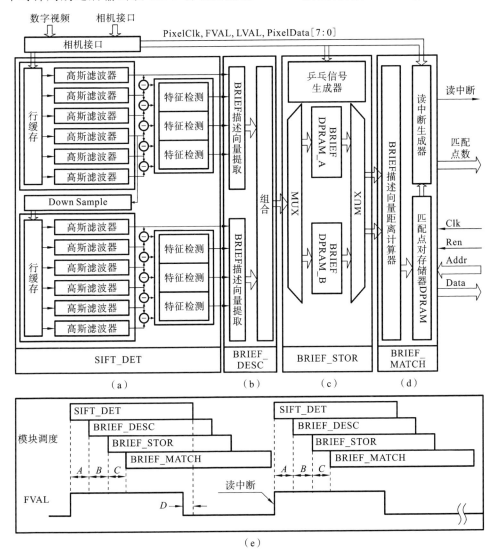

图 5.3　基于单片 FPGA 的视觉特征检测与匹配整体框图

BRIEF_STOR 当前帧 BRIEF 描述向量存储器中读取 BRIEF 描述向量,并在前一帧 BRIEF 描述向量存储器中查找最佳匹配 BRIEF 描述向量。因为 SIFT_DET 中第二组的输入图像是第一组第三层输出的高斯图像,因此 SIFT_DET 在 FVAL 下降沿的第 8978 个时钟周期之后完成计算。ReadInt 信号在后一帧即将来临时触发。

5.2.2 SIFT 特征点检测模块

SIFT 特征点检测模块由 DoG 尺度空间构建模块和稳定的极值点检测模块组成。该模块由相机输出的图像数据流直接驱动,并在相机输出的图像中进行二维高斯滤波和图像相减操作。下面详细介绍各模块的技术细节。

1. DoG 模块

考虑到二维高斯核具有可拆分性和对称性,我们已经在第 4 章提出了一种非常高效的计算架构,该方法通过先进行一维高斯行卷积滤波,然后进行一维高斯列卷积滤波的方法完成二维高斯滤波操作。对于 15×15 的高斯模板,该方法比需要 255 次乘法运算和 254 次加法运算的传统二维卷积方法高效很多。此外,该方法通过将具有相同乘积因子的图像数据先相加再相乘,进一步减少乘法器数量。该方法对于 15×15 的二维高斯滤波器,只需消耗 16 个乘法器、28 个加法器和 14 个行缓冲器。该方法对逻辑资源的利用率非常高,但是对存储资源的需求依然非常大。与其他先进行行滤波再进行列滤波的设计不同,本章 DoG 模块先进行列滤波再进行行滤波,并将同一组中所有尺度高斯滤波器的行缓存器在二维高斯滤波器外共享,硬件架构如图 5.4 所示。该方法可以将行缓存所占资源降低为之前实现方法的 1/6。

FPGA 适合定点运算,而不适合浮点数运算,且除法器占用 FPGA 资源非常严重。考虑到高斯模板中最大值与最小值的比例关系,本设计将二维高斯滤波器中SUM 量化为 1024,即 $\text{SUM} = \sum_{i=0}^{14} K_i = 1024 = 2^{10}$。因此,二维高斯滤波器中的除法器可简化为位移操作,在 FPGA 中位移操作无需占用计算资源。因此,高斯图像像素 G_s 使用定点数格式 (8.10) 表示,其中 8 位表示整数部分,10 位表示小数部分。

2. 稳定的极值点检测模块

本系统中稳定的极值点检测模块如图 5.5(b)所示,它由以下 5 个部分组成:像素窗生成模块、极值点检测模块、低对比度点剔除模块、强边缘点剔除模块和特征点位置信息存储模块。其中像素窗生成模块生成 3×3 移动像素窗,如图 5.5(a)所示。极值点检测模块通过将当前像素与相邻的 26 个像素进行比较,判断当前点是否为局部极值点,从而判断当前像素是否为候选特征点,如图 5.5(d)所示。低对比度点剔除模块比较当前像素的灰度值与固定阈值(3,灰度范围[-31.0, 32.0]),判断当前点是否为低对比度点,如图 5.5(c)所示。为达到全并行/流水处理的目的,本架构使用原始高斯差分图像灰度的绝对值,而不是精确定位后亚像素位置的灰度值与阈值

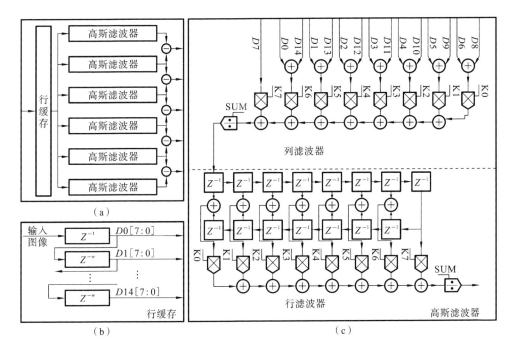

图 5.4　DoG 模块框图

进行比较。强边缘点剔除模块通过在当前像素周围计算 Hessian 矩阵,并将其最大特征值与最小特征值的比值与固定阈值进行比较,本设计将该阈值设定为 10,如图 5.5(e)所示。

最后,综合极值点检测模块、低对比度点剔除模块和强边缘点剔除模块的计算结果判断当前像素是否为稳定 SIFT 特征点。SIFT 特征信息存储模块将特征点相关的位置信息存入 KP_FIFO,特征位置信息由 2 位组编号、2 位尺度编号、11 位横坐标 x、11 位纵坐标 y 组成。由于在同一组高斯差分图像中如果特征点的横纵坐标一致,则描述向量相同,因此当同一组高斯差分图像中多个尺度在相同坐标位置存在 SIFT 特征点,仅存储其中一个。

二维高斯滤波器的输出结果 G,采用(8.10)编码的定点数表示,因此 DoG 像素需要用 19 位定点数(9.10)表示。然而,在自然图像中 DoG 像素的绝对值基本不可能大于 32.0,因此对高斯差分图像,16 位有符号数已经足够。为了在不降低系统性能的前提下降低 FPGA 资源的占用率,本设计使用特征点检测率、特征点匹配率和错误匹配率性能指标来寻找最优位宽。这 3 个参数随位宽变化的曲线如图 5.6 所示,数据为 100 次实验结果的平均。如图 5.6 所示,对高斯差分图像而言,9 位已经足够,即 1 位符号位,5 位整数位,3 位小数位。使用更大位宽时,性能基本没有提升。

归功于上述全并行硬件架构,用稳定的极值点检测模块判断当前像素点是否为

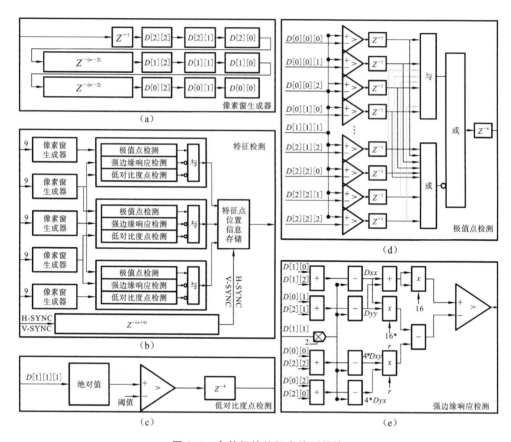

图 5.5　全并行的特征点检测模块

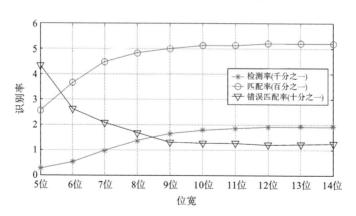

图 5.6　特征检测率、匹配率和错误匹配率与高斯差分图像位宽变化关系

特征点仅需 1 个时钟周期。该模块的最高运行频率高达 168 MHz,而帧频为 60 f/s 的 720p 视频序列的时钟频率小于 80 MHz。因此,该检测模块能满足 720p 视频序

列、120 f/s 处理速度对计算实时性的需求。

5.2.3 BRIEF 描述向量提取模块

BRIEF 描述向量提取模块为每个 SIFT 特征点提取 BRIEF 描述向量,其硬件结构如图 5.7(a)所示,它由 6 部分组成:写图像缓存 DPRAM(IBDW)、图像缓存 DPRAM(IB_DPRAM)、特征点缓存 FIFO(KPB_FIFO)、点对比较器(PPC)、随机数生成器(RAND)和点对缓存器 DPRAM(PP_DPRAM)。

IBDW 模块将输入图像按照顺序写入 IB_DPRAM 中,若 IB_DPRAM 写满,则依次将前面的数据覆盖。BRIEF 描述向量提取模块从特征点周围 17×17 的像素块中提取 BRIEF 描述向量。考虑到降低 FPGA 中 BRAM 资源的占用率,本设计将第一、二组 IB_DPRAM 的深度分别设置为 32768 和 16384,能缓存 25.6 行输入图像。PPC 模块需计算当前像素的地址,并从 IB_DPRAM 模块中读取当前像素的灰度值。为了降低特征点连续出现的影响,本设计在 SIFT_DET 和 PPC 之间插入 KPB_FIFO 用于平衡特征点检测速度和描述向量提取速度。因为 BRIEF_DESC 模块使用位置随机分布的点对的比较结果作为 BRIEF 描述向量,因此 BRIEF_DESC 模块中包含生成随机数的 RAND 模块,在上电时生成 256 组点对的位置,如图 5.7(b)所示。RAND 模块使用 FPGA 中门延时具有不可预测性的特点生成随机数,并将随机数存储于 PP_DPRAM。本系统中 BRIEF 描述向量维度为 256,因此上电时 RAND

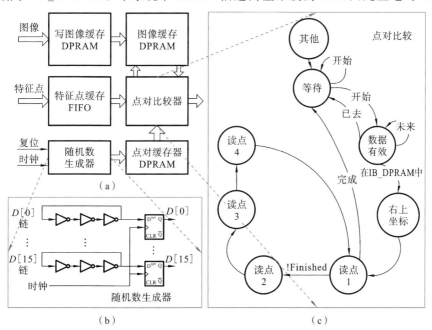

图 5.7 BRIEF 描述向量提取模块

随机生成 512 个随机数,每个数据表示用于比较的点与 17×17 图像块右上角的偏移量。

PPC 模块由图 5.7(c)所示的有限状态机(FSM)组成,各状态含义如下。

(1) 其他:未定义或上电后的初始状态,一旦进入该状态,立即跳转至等待状态。

(2) 等待:状态机等待开始信号触发,然后跳转至数据有效状态。

(3) 数据有效:检查当前位置信息的有效性。如果当前特征所需的像素数据还未准备好,则状态机等待所需像素都在 IB_DPRAM 中为止;如果当前特征所需的像素数据部分或全部被后续像素数据覆盖,则将当前特征丢弃,并跳转至等待状态;如果当前特征所需的像素数据在 IB_DPRAM 中,则状态机跳转至右上坐标状态。

(4) 右上坐标:根据特征点的位置信息计算所需的 17×17 图像块右上角的坐标位置,并跳转至读点 1 状态。

(5) 读点 1:给出从 PP_DPRAM 中读取位置值的地址,并且判断生成描述向量所需的 256 维数据是否全部完成。如果所有比较都已完成,则跳转至等待状态;否则跳转至读点 2 状态。

(6) 读点 2:从 PP_DPRAM 中读取偏移量,计算点对中第一个点的地址(将偏移量与右上角坐标相加),并给 PP_DPRAM 提供另一个地址,然后跳转至读点 3。

(7) 读点 3:将从 IB_DPRAM 中读取的值存储在 Pixel1 寄存器中,并使用相同方法计算另一个像素的地址,并跳转至读点 4 状态。

(8) 读点 4:将从 IB_DPRAM 中读取的值存储在 Pixel2 寄存器中,将该值与 Pixel1 进行比较,并用比较结果改变描述向量的对应位,并跳转至读点 1 状态。

5.2.4 BRIEF 特征存储模块

本章介绍在单片 FPGA 中实现在视频序列相邻帧图像之间建立对应关系的实时视觉特征检测与匹配硬件系统。视频序列中每帧图像的描述向量需要与前一帧图像和后一帧图像中 BRIEF 描述向量各进行一次匹配。因此需要存储当前帧和前一帧图像中提取的 BRIEF 描述向量。本设计采用乒乓操作的方式存储 BRIEF 描述向量,如图 5.3(c)所示。其中,输入复选器(MUX)决定将当前帧的 BRIEF 描述向量存入哪个 DPRAM,而输出复选器决定哪个存储器存储的是前一帧的描述向量,哪个存储器存储的是当前帧的描述向量。乒乓操作的切换信号由 FVAL 信号产生。

5.2.5 BRIEF 描述向量匹配模块

BRIEF 是一种二值描述向量,即向量中每一维的值只有 0 和 1 两种可能。因此 BRIEF 描述向量匹配模块只需比较两个 BRIEF 描述向量中值不一样的位数,即汉明距离。本系统的 BRIEF 描述向量匹配模块需要计算当前帧每个描述向量与前一

帧每个描述向量之间的汉明距离,其计算公式为

$$O_r = N_{cur} N_{pre} O_{cd} \tag{5.1}$$

式中:N_{cur} 为当前帧特征点数量;N_{pre} 为前一帧特征点数量;O_{cd} 为计算两个描述向量之间汉明距离所需的计算量。参考文献[23]提出的 BRIEF 描述向量匹配方法在 2.66 GHz/Linux X86_64 的计算机中匹配 512 个描述向量耗时 5.03 ms。然而,分辨率为 1280×720 的图像特征数量为 2000 左右,该方法需耗时 80 ms 才能完成特征配准,无法满足计算机视觉应用系统对计算实时性的需求。考虑到 FPGA 的计算特性非常适合于对 BRIEF 描述向量匹配进行加速,本章提出如图 5.8 所示的 BRIEF 描述向量匹配模块。该模块由 4 个部分组成:有限状态机 1(FSM1)、描述向量距离计算器(FDC)、有限状态机 2(FSM2)和匹配点对存储器 DPRAM(MPP_DPRAM)。其中,FDC 模块计算两个描述向量之间的汉明距离。本章提出的全并行/流水硬件结构每时钟周期能计算一对描述向量的汉明距离。MPP_DPRAM 模块用于存储匹配点对的位置信息,并在 FVAL 信号下降沿锁存匹配点对的数量。

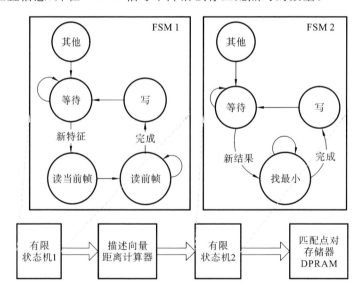

图 5.8　BRIEF 特征匹配的结构框图

FSM1 由 BRIEF_DESC 给出的新特征信号触发。该模块将接收到的 BRIEF 描述向量与前一帧中所有 BRIEF 描述向量通过 FDC 计算汉明距离,并查找汉明距离最小的描述向量信息,各状态功能描述如下。

(1) 其他:未定义或上电后的初始状态,一旦进入该状态,立即跳转至等待状态。

(2) 等待:状态机等待新特征信号有效,然后跳入读当前帧状态。

(3) 读当前帧:从当前帧特征 DPRAM 中读取描述向量,并跳转至读前帧状态。

(4) 读前帧:从前一帧特征 DPRAM 中读取描述向量,并触发新结果信号,该信号

被 FDC 模块延时,在 FSM2 中应用。此外,该状态还需要验证前一帧描述向量是否都已经遍历完成。如果遍历完成,则跳转至写状态;否则读取前一帧的下一个描述向量。

(5)写:等待 FSM2 将匹配点对位置信息写入 MPP_DPRAM,并跳转至等待状态。

FSM2 接收描述向量的距离并查找最小汉明距离点对作为匹配点对,同时将匹配点对的相关位置信息存储于 MPP_DPRAM 中,各状态功能定义如下。

(1)其他:未定义或上电后的初始状态,一旦进入该状态,立即跳转至等待状态。

(2)等待:状态机等待新结果信号有效,跳入找最小状态,并将最小距离寄存器(MIN_DIST)设定为初始阈值,作为判定有效匹配点对汉明距离的上限。

(3)找最小:从 FDC 模块中读取距离并与 MIN_DIST 进行比较,如果距离比MIN_DIST 小,则将 MIN_DIST 的值改为当前距离,并将当前点对位置信息标为候选点对,否则不进行任何处理。完成所有点对距离比较后跳转至写状态。

(4)写:如果找最小步骤中输出的最小距离点对为有效匹配点对,则将点对位置信息写入 MPP_DPRAM,并跳转至等待状态。

5.3　等效并行度分析

5.3.1　需求的等效并行度

SIFT_DET 模块的计算量取决于高斯差分图像金字塔的组数与尺度数量,本系统采用 2 组,每组 6 个尺度高斯图像的系统配置,因此系统总共包含 12 个二维高斯滤波器。第一组图像的分辨率为 1280×720,第二组图像的分辨率为 640×360,因此二维高斯滤波器层叠结构的总像素吞吐率为 414.72 兆像素/秒,图像差分模块的像素吞吐率为 345.6 兆像素/秒,特征点检测模块的像素吞吐率为 207.36 兆像素/秒。二维高斯滤波器完成一个像素的处理需要 46 个操作,对每一个像素进行图像相减的操作仅需 1 个操作,特征检测每个像素需要 45 个操作,上述模块的操作速率分别为79.08 吉操作数/秒、345.6 兆操作数/秒和 9.33 吉操作数/秒。SIFT_DET 模块直接由相机输出的图像数据流驱动,而 60 f/s 720p 视频序列的时钟频率为 75 MHz,因此 SIFT_DET 的工作频率为 75 MHz。综上所述,SIFT_DET 中 3 个模块所需的等效并行度分别为 254.4×,4.6× 和 124.4×。

与 SIFT_DET 模块不同,BRIEF_DESC 和 BRIEF_MATCH 模块的数据吞吐率取决于 SIFT_DET 模块检测的特征点数量。为了分析系统需求的计算量,本节假设每帧图像的特征点数量为 2000 个。这是一个非常合理的假设,因为根据实验统计,分辨率为 1280×720 的图像中特征点的数量大致就是这个量级。根据这个假设,BRIEF_DESC 模块的数据吞吐率为 120k(2k×60)特征/秒。本系统需要 2562 个操作完成一个 BRIEF 特征向量提取,因此该模块计算速率需求为 307.4 兆操作数/秒。

为了满足 60 f/s 处理速度的需求,本模块的时钟频率设定为 200 MHz,因此本模块需求的等效并行度为 1.54×。

最后,在最坏的情况下,BRIEF_MATCH 模块需要在两个数量为 2000 个的描述向量集合之间匹配 BRIEF 描述向量。因此,该模块的吞吐率为 240 兆特征/秒。完成一个特征点对的处理需要 257 个操作,因此该模块每秒需要完成 61.68 吉操作,才能满足系统对 60 f/s 处理速度的计算需求。为了均衡处理速度和并行度,该模块的工作频率设置为 250 MHz,因此该模块需要的并行度为 246.7×。

5.3.2　能达到的等效并行度

为了更清晰地说明本架构的计算性能,本节对各部分的并行度进行分析。本章提出的实时视觉特征检测与匹配系统为全并行/流水硬件架构,系统能达到的最高计算速度取决于运行速度最慢的模块。只有所有模块都能达到 60 f/s 的运算速度,系统才能满足计算实时性的需求,下面分析各模块能达到的等效并行度。

(1) SIFT 特征点检测:该模块中有 2 组不同分辨率的高斯差分图像,每组有 5 个尺度的高斯差分图像,需要 6 个二维高斯滤波器。第二组的分辨率为第一组分辨率的 1/4,而且该模块为全并行/流水架构,因此只需统计每个输出结果的操作数。如图 5.4 所示,二维高斯滤波需要 28 次加法、16 次乘法以及 2 次除法,共 46 个操作。因此该模块的等效并行度为 345($46\times6+64\times6/4$)×。高斯差分图像由相邻尺度高斯图像相减获得,图像相减只需 1 次减法操作,因此图像差分模块的等效并行度为 6.25($1\times5+1\times5/4$)×。如图 5.5 所示,极值点检测模块与 26 个相邻像素比较大小,综合比较结果判断当前像素是否为极值点需要 29 个操作,低对比度点检测模块需要 2 个操作,强边缘点检测需要 14 个操作,总计需要 45 个操作。每组中只有 3 个尺度能检测 SIFT 特征点,因此本模块的等效并行度为 168.75($45\times3+45\times3/4$)×。

(2) BRIEF 描述向量提取:如图 5.7(c)所示,该模块需要比较 256 个点对的大小,而每个点对在判断数据有效状态需要 1 个操作,计算右上坐标位置需要 1 个操作,读点状态 1~4 各需要 2 个操作,因此每个点对需要 10 个操作。此外每个特征点的空间位置解析需要 2 个操作,因此提取 BRIEF 描述向量的总操作数为 2562($256\times10+2$)。而图 5.7(c)中每个状态的切换都需要 1 个时钟周期,因此提取单个 BRIEF 描述向量需要 1026($256\times4+2$)个时钟周期,该模块能达到的等效并行度为 2.49×。

(3) BRIEF 描述向量匹配:计算两个 BRIEF 描述向量之间的汉明距离,需要进行 256 次异或、1 次求和,总共 257 个操作。本架构中的汉明距离计算模块为全并行/流水硬件架构,因此该模块的等效并行度为 257×。

表 5-1 总结了上述关于硬件架构中各模块计算量需求与能达到的等效并行度的分析。本系统所有模块能达到的等效并行度都超出了 60 f/s 处理速度的需求。整个

实时视觉特征检测与匹配系统的处理速度达到 90.75 吉操作数/秒。

表 5-1　硬件架构中各模块计算量需求与能达到的等效并行度分析

系统模块	功能	像素/秒	操作数/像素	操作数/秒	系统时钟/MHz	需求并行度	达到并行度
SIFT_DET	高斯滤波	414.72M	46	19.08G	75	254.4×	345×
	图像相减	345.6M	1	245.6M	75	4.6×	6.25×
	特征检测	207.36M	45	9.33G	75	124.4×	168.75×
BRIEF_DESC	向量提取	120k（期望）	2562	307.4M	200	1.54×	2.49×
BRIEF_MATCH	向量匹配	240M（最坏）	257	61.68G	250	246.7×	257×
总计	系统整体	1.41G		90.75G			

5.4　实验与验证

为了评估系统性能,本节从 3 个方面对其进行测试:首先,使用标准和自制的测试图像集对本系统提取的视觉特征进行评估;然后,对系统的资源占用率进行分析;最后,将该系统架构与业内最先进的方法进行比较分析。

5.4.1　性能评估

为了评估系统的稳定性,首先在图像序列中检测稳定的 SIFT 特征点,并为每个 SIFT 特征点提取对应的 BRIEF 描述向量。然后在连续两帧图像的 BRIEF 描述向量之间使用最小汉明距离计算特征点对应关系。本系统在由 250 f/s、分辨率为 1280×720 的图像组成的视频序列中展开测试,在该图像序列中总共检测出 202587 个特征点,匹配点对数量为 42379,其中正确匹配点对数量为 37893,正确匹配率达到 89.41%。在该实验中,BRIEF_MATCH 模块中 MIN_DIST 的初始值被设置为 20,即如果 BRIEF 描述向量对的汉明距离小于 20,则认为是有效匹配点对。本章认为误差小于 3 像素的匹配点对为正确匹配点对。

此外,本节在 4 种典型应用场景中测试本章提出的视觉特征检测与匹配硬件系统,分别为室内场景、自然场景、城市航拍视角和城市鸟瞰视角,部分测试结果如图 5.9 所示。正确匹配点对均匀分布于图像的幅面中,这种特性对正确估计图像间空间变换关系非常重要。虽然特征匹配结果中存在少许错误点对,但是其影响可通过 RANSAC 等方法轻易消除。

为了更清晰地展示本系统的性能,本节使用参考文献[24]提出的标准测试图像

（a）

（b）

（c）

（d）

图 5.9　4 种应用场景中的测试结果

（a）室内场景；（b）室外场景；（c）城市航拍；（d）城市鸟瞰

（a）

（b）

（c）

（d）

图 5.10 在标准测试图像集中的测试结果

（a）leuven；（b）bikes；（c）ubc；（d）trees

集对系统进行测试,并将部分测试结果输出,如图 5.10 所示。在标准测试图像集中的所有实验结果如图 5.11 所示。因为本系统对图像进行了平滑滤波,使其对旋转变换和尺度缩放具有一定的鲁棒性,但是该系统在设计时并未考虑旋转和尺度变化的情况,因此对旋转变换和尺度缩放并不具备不变性。为了量化该系统对旋转变换和尺度缩放的容忍程度,本节使用标准测试集中 Graf 的第一幅图像与其旋转和降采样后的图像进行匹配。此外,本节将硬件系统的性能与纯软件版本 SIFT + BRIEF、SURF、SIFT 等系统的性能进行比较,比较结果如图 5.12 和图 5.13 所示。虽然本系统尽量严格按照 SIFT + BRIEF 纯软件版本进行硬件设计,但本方案对 FPGA 硬件架构进行了优化,使其更符合 FPGA 的计算特性,使得硬件版本 SIFT + BRIEF 的计算结果与软件版本存在些许差异。

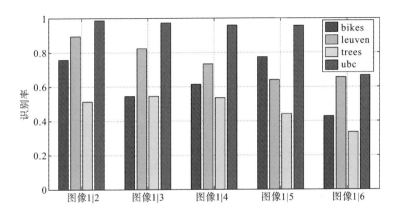

图 5.11　在标准测试图像集的正确匹配率

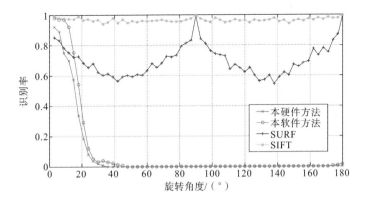

图 5.12　旋转特性曲线

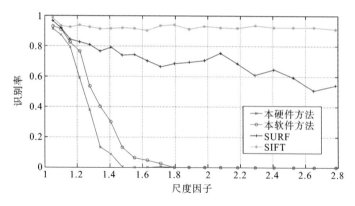

图 5.13　缩放特性曲线

5.4.2　资源占用率分析

本章提出的整个视觉特征检测与匹配系统运行于 Xilinx 公司型号为 XC5VLX110T 的单片 FPGA 中,使用 Verilog HDL 作为开发语言。表 5-2 给出系统中各模块占用的 FPGA 资源。本系统占用了 FPGA 中 32% 的逻辑资源、81% 的 DSP48E 资源和 92% 的 RAM 资源。归功于本设计对 SIFT 特征点检测模块中高斯差分图像金字塔构建子模块的优化,整个全并行/流水的特征点检测、描述向量提取与描述向量匹配系统能够在单片 FPGA 中实现。需要注意的是,表 5-2 中给出的系统整体所占资源,包含 1 个 EMAC 控制器、1 个 ZBT-SRAM 控制器和 1 个 DVI 显示控制器所占用的逻辑资源,而视觉特征检测与匹配模块所占资源如表 5-2 中 SIFT_BRIEF 一栏所示。

表 5-2　该硬件架构中各模块 FPGA 的资源占用率

模块名	查找表	寄存器	Slices	DSP48E	RAM/Kb	最大频率/MHz
特征检测	13982	9836	5694	52	1332	168.350
向量提取	1576	1581	1306	0	936	259.943
特征存储	689	35	34	0	2304	356.591
向量匹配	946	491	250	0	144	251.252
SIFT_BRIEF	17055	11530	6928	52	4716	159.160
系统整体	18437 (26%)	13007 (18%)	7702 (32%)	52 (81%)	4932 (92%)	159.160

通过 Xilinx 提供的功耗估计工具进行分析,本系统中 FPGA 芯片的功耗为 4.512 W。实测整个 XUPV5-LX110T 开发板的功耗为 13.6 W(5.0 V 输入电压,

2.72 A 输入电流）。整个开发板的功耗包含了 EMAC 控制器、ZBT-SRAM 控制器和 DVI 显示控制器的功耗。因为本系统包含 EMAC 控制器，因此提取的特征描述向量既可在片上应用，也可通过千兆网将视觉特征检测与特征匹配结果在远程应用，两种应用模式的硬件基础都已测试通过。系统运行效果视频请参见 http://v. youku. com/v_show/id_XNjcxNTQ2MDg0. html。

5.5　本章小结

　　本章提出一种非常高效的基于单片 FPGA 的视觉特征检测与匹配系统。它能以 60 f/s 的处理速度在分辨率为 1280×720 的图像中完成 SIFT 特征检测、BRIEF 描述向量提取以及 BRIEF 描述向量匹配。该系统能轻松满足计算机视觉应用对特征检测与匹配计算实时性的需求。大量实验证明，该系统极大地提升了纯软件版本视觉特征检测与匹配系统的计算速度，同时保持了基本一致的配准精度。因为本系统在单片 FPGA 中实现，可由相机直接驱动，因此可以非常方便地集成到智能相机、基于视觉导航的机器人等嵌入式系统中，并为这些系统提供稳定可靠的图像对应关系。

参 考 文 献

[1] 万卫兵，霍宏，赵宇明. 智能视频监控中的目标检测与识别[M]. 上海：上海交通大学出版社，2010.

[2] LUCAS B D, KANADE T. An Iterative Image Registration Technique with An Application to Stereo Vision[J]. International Joint Conference on Artificial Intelligence，1981，81：674-679.

[3] LEWIS J P. Fast Normalized Cross-Correlation[J]. Vision interface，1995，10 (1)：120-123.

[4] SIVIC J, ZISSERMAN A. Video Google：A Text Retrieval Approach to Object Matching In Videos[C]//IEEE Conference of Computer Vision and Pattern Recognition. 2003，1470-1477.

[5] MCCARTNEY M I, ZEIN-SABATTO S, MALKANI M. Image Registration for Sequence of Visual Images Captured By UAV[J]. in Processings of IEEE Symposium on Computer Intelligence Multimedia Signal Vision Processing，2009，91-97.

[6] AGRAWAL M, KONOLIGE K, BLAS M R. Censure：Center Surround Extremas for Realtime Feature Detection and Matching[C]//in Proceedings of

European Conference on Computer Vision. 2008，102-115.

[7] WANG Q，YOU S. Real-time Image Matching Based on Multiple View Kernel Projection[C]//2007 IEEE Computer Society Conference on Computer Vision. 2007，3286-3293.

[8] YOUNG I T，VAN VLIET L J. Recursive Implementation of the Gaussian Filter[J]. Signal processing，1995，44(2)：139-151.

[9] BROWNRIGG D R K. The Weighted Median Filter[J]. Communications of the ACM，1984，27(8)：807-818.

[10] MIZUNO K，NOGUCHI H，HE G,et al. A Low-Power Real-time SIFT Descriptor Generation Engine for Full-HDTV Video Recognition[J]. ICE Transactions on Electronics，2011，94(4)：448-457.

[11] CHATI H D，MUHLBAUER F，BRAUN T，et al. Hardware/Software Co-design of a Key Point Detector on FPGA[C]//in Proceedings of IEEE Symposium on Field-Programmable Custom Computing，2007，355-356.

[12] CORNELIS N，VAN GOOL L. Fast Scale Invariant Feature Detection and Matching on Programmable Graphics Hardware[C]//IEEE Computer Society Conference on Computer Vision and Pattern Recognition Workshops. 2008，1013-1020.

[13] FRaHM S,GENC Y，POLLEFEYS M，et al. GPU-Based Video Feature Tracking and Matching[C]//Workshop on Edge Computing Using New Commodity，2006，695-699.

[14] BONATO V，MARQUES E，CONSTANTINIDES G A. A Parallel Hardware Architecture for Scale and Rotation Invariant Feature Detection[J]. IEEE Transaction on Circuits and Systems for Video，2009，18(12)：1703-1712.

[15] SVAB J，KRAJNIK T，FAIGL J，et al. FPGA Based Speeded up Robust Features[J]// IEEE International Conference of Technology Practice，Robot Application，2009，35-41.

[16] YAO L，FENG H，ZHU Y，et al. An Architecture of Optimized SIFT Feature Detection for an FPGA Implementation of an Image Matcher[C]//in Proceedings of International Conference on Field-Programmable Technology. 2010，30-37.

[17] SCHAEFERLING M，KIEFER G. Object Recognition on a Chip：A Complete SURF-based System on a Single FPGA[C]//in Proceedings of International Conference on Reconfiguration. 2011，49-54.

[18] HUANG F C，HUANG S Y，KER J W，et al. High Performance SIFT Hardware Accelerator for Real-time Image Feature Extraction[J]. Circuits and Systems for Video Technology IEEE，2012，22(3)：340-351.

[19] ZHONG S，WANG J，YAN L，et al. A Real-time Embedded Architecture for SIFT[J]. Journal of Systems Architecture，2013，59(1)：16-29.

[20] WANG J，ZHONG S，YAN L，et al. An Embedded System-on-Chip Architecture for Real-time Visual Detection and Matching[J]. IEEE Transactions on Circuits and Systems for Video，2014，24(3)：525-538.

[21] WANG J，ZHONG S，XU W，et al. A FPGA-based Architecture for Real-time Image Matching[J]. Proc. SPIE 8920，MIPPR 2013：Parallel Processing of Images and Optimization and Medical Imaging Processing，892003.

[22] CALONDER M，LEPETIT V，OEZUYSAL M，et al. BRIEF：Computing a Local Binary Descriptor Very Fast[J]. IEEE Transactions on Pattern Analysis and Machine Intelligence，2012，34(7)：1281-1298.

[23] MIKOLAJCZYK K，SCHMID C. A Performance Evaluation of Local Descriptors[J]. IEEE Transaction on Pattern Analysis and Machine Intelligence，2005，27(10)：1615-1630.

[24] CHANG L，HERNÁNDEZ-PALANCAR J，SUCAR L E，et al. FPGA-based Detection of SIFT Interest Keypoints[J]. Machine Vision and Applications，2010，1-22.

[25] QIU J，HUANG T，IKENAGA T. Hardware Accelerator for Feature Point Detection Part in SIFT Algorithm & Corresponding Hardware-Friendly Modification[J]. Workshop on Synthetic and System Integration of Mixed Information Technology，2009，213-218.

[26] QIU J，HUANG T，HUANG Y，et al. A Hardware Accelerator with Variable Pixel Representation & Skip Mode Prediction for Feature Point Detection Part of SIFT Algorithm[C]. IAPR Conference on Machine Vision Application，Japan，2009.

[27] QIU J，HUANG T，IKENAGA T. A FPGA-Based Dual-Pixel Processing Pipelined Hardware Accelerator for Feature Point Detection Part in SIFT [C]//International Conference on International，2009，1668-1675.

[28] LIN Y M，YEH C H，YEN S H，et al. Efficient VLSI Design for SIFT Feature Description[J]. International Symposium on Next-Generation Electronics，2010，48-51.

[29] MITRA S K. Digital Signal Processing：A Computer Based Approach［M］. 3rd ed. New York：McGraw-Hill，2004.

[30] NG S H K，JASIOBEDZKI P，MOYUNG T J. Vision Based Modeling and Localization for Planetary Exploration Rovers［C］//in Proceedings of 55th International Astronautical Congress，2004，1-11.

[31] MIZUNO K，NOGUCHI H，HE G，et al. Fast and Low-Memory-Bandwidth Architecture of SIFT Descriptor Generation with Scalability on Speed and Accuracy for VGA Video［C］. International Conference on Field Programmable Logic and Applications（FPL），2010，608-611.

第 6 章　OpenSURF 算法的 FPGA 实现

本章主要介绍 FPGA 对 OpenSURF 算法进行并行加速的详细设计，主要通过以下几个方面展开：① FPGA 实现的系统结构；② 主要模块的 FPGA 实现细节；③ FPGA 加速的等效并行度分析；④ FPGA 实现中的一些参数选取；⑤ FPGA 实现测试验证方法。

6.1　FPGA 实现的系统结构

根据第 3 章对 OpenSURF 算法的详细介绍，以及算法计算过程中的相互独立性，本章设计的基于 FPGA 实现 OpenSURF 算法的系统架构分为四个部分，即积分图像生成、特征点检测、特征点主方向分配和特征点描述矢量生成，如图 6.1 所示。

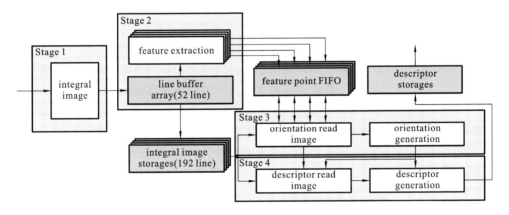

图 6.1　OpenSURF 算法的 FPGA 实现的系统结构图

本章提出的架构在方向分配上具有 36 个细分的角度，改善了 OpenSURF 算法在描述矢量生成部分对积分图像需求的方式，大大降低了整个系统对 FPGA 片上资源的需求量，同时使其具有更高的处理能力。本架构是目前所知的 OpenSURF 算法中 FPGA 实现处理精度最高、资源消耗最小、速度最快的系统架构。

本章对 OpenSURF 算法在 FPGA 实现的系统架构上所做的主要改进包括以下几个方面。

（1）为了保证整个系统的实时计算性能，设计了一种由图像数据流驱动的 FPGA 实现架构。图像数据流按照 camera link 的方式输入整个系统中，图像数据时钟作为整个系统的主时钟,图像数据驱动整个算法流水线运行。在一定程度范围内,只要提高图像数据输入的时钟频率或者提高输入图像的帧频,都可以提高整个系统的处理能力。实验证明,在处理图像数据输入的时钟频率为 50 MHz、分辨率为 800×640 的图像、每帧平均完成约 1000 个 OpenSURF 特征的计算时,该系统最高处理的速度可达 97 f/s。如图 6.2 所示,整个系统分四步流水线运行,各个部分运行的时间相互重叠,特征点检测部分的耗时被系统中其他部分均摊了,特征点主方向分配的时间被嵌入其他时间中,处理一帧图像的时间主要由积分图像计算时间和特征点描述矢量生成的时间决定。

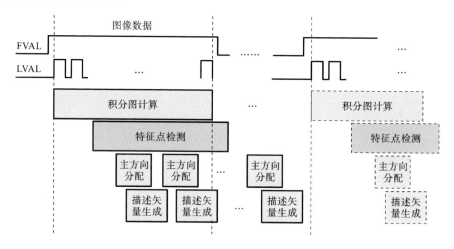

图 6.2　整个系统流水线处理时间的示意图

(2) 根据图 3.14 所示的结果,随着特征点检测搜索层次尺度的增加,图像中的特征点数量呈现急剧下降的趋势,对更多的尺度进行特征点检测意味着消耗更多的资源。所以,本章仅对两组(octaves)八个尺度(scale)的图像进行 OpenSURF 特征点检测。同时为了提高特征点检测的速率,本章采用了一种滑动窗口的方式进行特征点检测,这样既能保证原算法绝大部分的精度,又能节约片上的资源,同时还提高了总体的速度。

(3) 整个系统是否能正常运行的关键是如何处理积分图像缓存的问题。为了完成 OpenSURF 算法描述矢量生成的部分,需要缓存大量的积分图像数据,如果不采取有效的措施,就会导致 FPGA 片上存储资源的占用率过高甚至被耗尽,使整个系统布局紧张、处理能力急剧下降,最终无法达到对算法加速的效果。我们采取了 3 大措施来改善这个问题:在积分图像表述上采取一种冗余位的表示方式,即针对 Open-SURF 算法,无论其处理的图像尺寸为多大,均采用数据位宽为 17 位的方式来存储积分图像数据;将特征点主方向分配和描述矢量生成部分的运行时钟提升为特征点检测部分时钟的 3 倍,这样提高了这两个阶段对积分图像存储区的访问速率;在特征点主方向分配和描述矢量生成部分巧妙地采用一种数据重用方式,减少了该阶段操作对内存访问次数和整个系统需要缓存的积分图像数据总行数。该系统可以处理每行小于 1022 个像素的任意高度的图像。

6.2　主要模块的 FPGA 实现

本节将详细介绍 FPGA 加速系统架构中重要模块的实现方式,着重描述算法在 FPGA 实现上的瓶颈,以及采用的相关优化措施,并分析最后实现的结果。主要包括 5 个模块:积分图像优化表示方法及积分图像生成模块、特征点检测模块、积分图像缓存和特征点读取优化策略、特征点主方向分配模块和特征点描述矢量生成模块。下面将展开进行阐述。

6.2.1　积分图像优化表示方法及积分图像生成模块

积分图像是 OpenSURF 算法的第一个步骤,其计算结果将用于特征点检测阶段的盒状滤波器的计算、特征点描述矢量生成阶段 Haar 小波的计算等。对于图像 $I(i,j)$,在最坏的情况下,其积分图像最大的数值为

$$ii_{\max} = ii[W-1, H-1] = (2^{L_i}-1)WH \tag{6.1}$$

式中:W 表示图像的宽度;H 表示图像的高度;L_i 表示图像的位宽。

为了表示积分图像数值 $ii_{\max}$,则需要的数据位宽满足

$$(2^{L_{ii}}-1) \geqslant (2^{L_i}-1)WH \tag{6.2}$$

式中:L_{ii} 表示积分图像的位宽。

例如,对于一幅分辨率为 640×480 的 8 位灰度图像,则数据位宽至少需要 22 位才能完整地表示该图像的积分图像。而对于 Xilinx Kintex FPGA,其片上的存储资源(block RAM 资源)是以 36 Kb 为单位,其中一个 36 Kb 的 BRAM 可以拆分成两个 18 Kb 的 BRAM 来使用。本节设计的系统在两组八个尺度上检测特征点,最大盒状滤波器的尺寸是 51×51,则至少需要缓存 52 行的积分图像;在特征点描述矢量生成阶段为了描述最大尺度的特征点,就需要缓冲至少 $24 \times 5.2 \approx 125$ 行积分图像数据(特征点检测的最大尺度为 5.2)。按照传统的方法,整个算法的实现至少需要消耗 125 个 36 Kb 的 BRAM 资源作为积分图像的行缓冲,这么庞大的片上存储资源对于一般的 FPGA 芯片是致命的,过分占用 FPGA 中的某种资源都会导致整个系统在布线阶段出现无法完成闭环的危险,或者即使完成了整个布线也可能会因为时序紧张而导致系统处理效率低下。

本章采用 H. J. W. Belt 等人提出的一种优化积分图像数据位宽的方法来缓解

OpenSURF 算法因缓存积分图像数据而占用大量 FPGA 片上存储资源的窘境。该方法声称积分图像数据表示需要的位宽不是由图像的尺寸所决定,而是由实际应用需求中需要求取的最大图像矩形区域的尺寸决定,即

$$(2^{L_{ii}}-1) \geqslant (2^{L_i}-1)w_{\max}h_{\max} \tag{6.3}$$

式中:$w_{\max}$ 是最大图像矩形区域的宽;$h_{\max}$ 是最大图像矩形区域的高。

如图 6.3(a)所示,对于一幅 $w \times h = 8 \times 4$、位宽为 4 位的图像,假设需要求取积分图像的最大矩形区域的尺寸是 $w'_{\max}h'_{\max}=8$,即图像中灰色部分。按照传统的积分图像表示方法,至少需要 9 位才能无损地表示该图的积分图像,如图 6.3(b)所示,则图像中灰色部分的像素之和为

$$S = \sum_{i=x_0}^{x_1} \sum_{j=y_0}^{y_1} I(i,j) = \sum_{i=4}^{7} \sum_{j=2}^{3} I(i,j) = 87 \tag{6.4}$$

或者采用积分图像的计算方法,图像中灰色部分的像素之和为

$$S = II(3,1) + II(7,3) - II(7,1) - II(3,3) = 87 \tag{6.5}$$

按照 H. J. W. Belt 等人提出的方法,仅需要 7 位就可以表示该图像的积分图像,如图 6.3(c)所示,则图像中灰色部分的像素之和为

$$S = II(3,1) + II(7,3) - II(7,1) - II(3,3) = 87 \tag{6.6}$$

12	10	13	12	5	11	3	10
10	12	3	4	3	10	5	8
5	1	1	9	**5**	**12**	**12**	**14**
8	2	5	14	**15**	**7**	**10**	**12**

（a）

12	22	35	47	52	63	66	76
22	44	60	**76**	84	105	113	**131**
27	50	67	92	105	138	158	190
35	60	82	**121**	149	189	219	**263**

（b）

12	22	35	47	52	63	66	76
22	44	60	**76**	84	105	113	**3**
27	50	67	92	105	10	30	62
35	60	82	**121**	21	61	91	**7**

（c）

图 6.3 积分图像数据位宽优化

（a）原始图像;（b）传统的积分图像;（c）H. J. W. Belt 等人的积分图像

从上面的示例中可以证明:积分图像数据表示需要的位宽不是由图像的尺寸所决定,而是由实际应用需求中需要求取的最大图像矩形区域的尺寸决定,这是一种非常有效的资源优化方法。

在 OpenSURF 算法中,求取图像积分的最大矩形区域在特征点检测部分,即最大的盒状滤波器区域。这里最大盒状滤波器是 51×51 的,在求取 x 方向和 y 方向的滤波

结果时,需要求取的最大积分图像矩形区域是 17×26。积分图像的数宽仅需要 17 位即可,这样相比于之前的方法,可以节省 50% 左右的 FPGA 片上存储资源。

图 6.4 为积分图像计算模块示意图,该模块输入 8 位图像数据,输出 28 位积分图像数据。该模块需要一个 BRAM 作为行缓存,缓存上一行的积分图像结果。列计数寄存器 ColumnCnt 会对每行的数据进行计数,当达到行的最后一个数据时将复位累加器 Acc,同时行计数寄存器 RowCnt 进行加 1 操作,当行计数寄存器达到图像的最后一行时,将产生一个复位信号,复位 FIFO 中的数据,为下一帧图像的积分图像计算做准备。

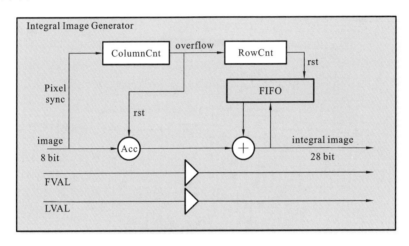

图 6.4　积分图像计算模块示意图

6.2.2　特征点检测模块

根据图 3.14 可知,OpenSURF 算法在不同尺度下检测到的特征点数量随着尺度的增长呈现急剧下降的趋势。据统计,90% 的特征点集中在前两组八个尺度中。当检测特征点的尺度增加时,盒状滤波器的尺寸急剧增加。而在 FPGA 上实现时,若在更高的尺度上检测特征点,就意味着要缓存更多的图像积分数据。本章设计的特征点检测模块采取了折中的方法,即在前两组八个尺度下的图像中检测特征点,其盒状滤波器的尺寸分别为 9、15、21、27 和 15、27、39、51。图 6.5(a) 中黑色的点分别表示在使用 9×9 盒状滤波器求取 $D_{xx}(I,\sigma)$、$D_{yy}(I,\sigma)$、$D_{xy}(I,\sigma)$ 时需要取值的点位置,图 6.5(b) 中黑色的点分别表示在使用 15×15 盒状滤波器求取 $D_{xx}(I,\sigma)$、$D_{yy}(I,\sigma)$、$D_{xy}(I,\sigma)$ 时需要取值的点位置,图 6.5(c) 表示六个尺度的盒状滤波器求取 $D_{xx}(I,\sigma)$、$D_{yy}(I,\sigma)$、$D_{xy}(I,\sigma)$ 时需要取值的点位置,图中带圈的点是当前需要求取滤波结果的点。

如图 6.6 所示,17 位的积分图像数据进入特征点检测模块后,经过由 52 个

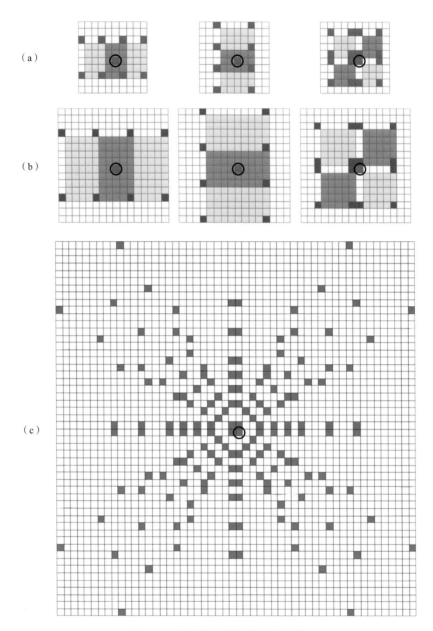

图 6.5　盒状滤波器取值点示意图

（a）9×9 盒状滤波器取值点示意图；（b）15×15 盒状滤波器取值点示意图；（c）所有盒状滤波器取值点示意图

FIFO 组成的行缓存模块将积分图像数据组织成一个 52×52 的积分图像矩阵窗口，按照图 6.5（c）中黑色点的位置取出指定的积分图像数据，分发给 6 个不同尺度的 Hessian 矩阵行列式计算模块，其计算结果逐个放入窗口生成模块，然后生成一个 3

×3 的搜索窗口。按照 OpenSURF 算法的步骤,将相邻三层行列式结果经过非极大值抑制模块找出极值,最后经过泰勒级数插值得到确定的特征点信息。图 6.6 中虚线框中展示了 Hessian 矩阵行列式计算的具体实现方式。在 Hessian 矩阵行列式归一化时,需要将得到的行列式除以一个固定的数值。为了避免使用除法器,本设计采用先将行列式的响应值乘以一个适当的数,再将其结果右移适当位数,以此得到除以固定数值的近似结果。因此,归一化的结果将存在一定的误差,本系统通过设置一个 Hessian 矩阵行列式的阈值将其过滤。

归功于本章提出的全并行硬件架构,特征点检测模块每个时钟周期都能输出所有尺度当前像素的评估结果。此外,该模块的最高时钟频率能够达到 124 MHz。而 $800×640$ 的图像帧频为 60 f/s 时,其时钟频率只有 50 MHz。因此,本章提出的特征点检测模块对 $800×640$ 的图像序列能轻松满足计算实时性的需求。

6.2.3　积分图像缓存和特征点读取优化策略

本章实现的 OpenSURF 算法在前两组尺度中检测特征点,特征点检测模块输出的特征点包括 4 个尺度,即 13、21、27、39。如图 6.7 所示,我们将这些特征点分别放在四个 FIFO 中,当任意一个 FIFO 中的数据不为空时,可以适当读取 FIFO 中的特征点信息,输出到后端的描述矢量生成模块进行处理。

如果特征点读取描述的方法按照先进先出的策略,即当特征点检测模块输出一个被检测到的特征点时,描述矢量生成模块立即读取该特征点的信息用来做描述矢量生成。假设当特征点检测模块输出一个高尺度的特征点(如尺度为 39,即 $σ=5.2$)时,描述矢量生成模块立即读取该特征点的信息用来做描述矢量生成,而为了生成这个特征点的描述矢量,需要以该特征点为中心,生成 $24σ×24σ$(即至少 125 行图像数据)的积分图像矩形区域。如图 6.1 所示,这些积分图像数据被缓存在积分图像存储模块(integral image storages),如果在读取积分图像数据时发现需要的数据还没有进入积分图像存储模块(整个算法被图像数据流所驱动,图像数据按照时间的先后进入整个算法系统),则整个系统除了特征点检测模块之外都会停止工作,直到需要读取的数据都进入积分图像存储模块,系统才能恢复正常的工作状态。当完成该特征点的描述矢量生成工作后,特征点缓存 FIFO 中已经累计了非常多的特征点,而为了保证这些累积下来的特征点能够完成正常的描述矢量生成(即描述矢量生成时需要的积分图像数据都可以在积分图像存储模块中找到),就必须保证该特征点需要的积分图像矩形区域数据在积分图像存储模块中没有出现丢失。按照上述的特征点读取描述策略,该系统不仅需要耗费非常多的 FPGA 片上存储资源来缓存积分图像,而且整个系统因为等待需要的积分图像数据进入积分图像缓存模块而停止工作,导致整个系统的工作效率降低,单位时间内能够描述的特征点数量减少。

针对这个现象,本系统设计了一种特征点读取的优化策略,我们称之为分时

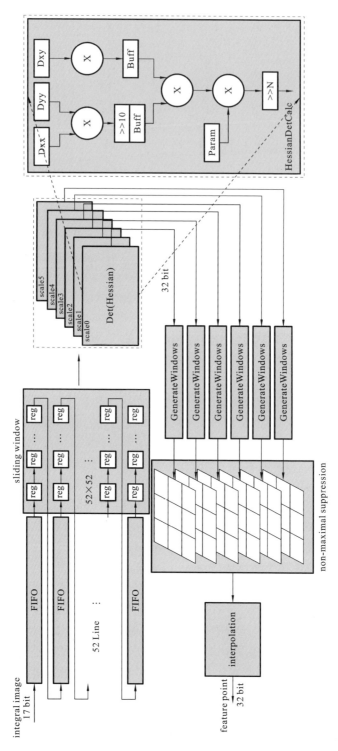

图 6.6　OpenSURF算法特征点检测的步骤

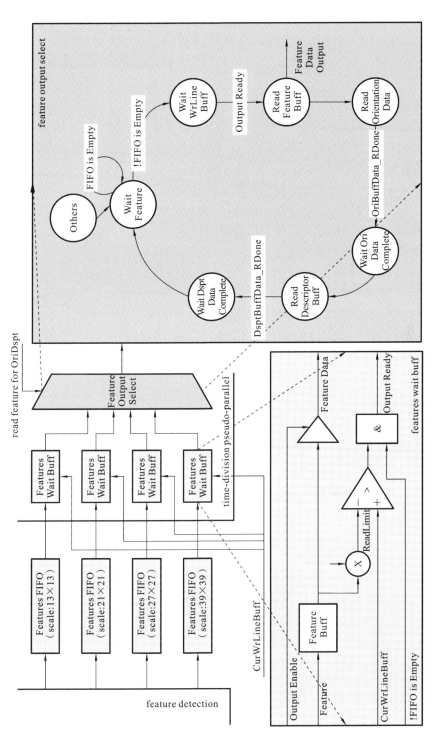

图 6.7 特征点读取策略示意图

伪并行读取法。该方法的基本思路是：直到特征点描述矢量生成模块需要的矩形区域均缓存在积分图像储存模块，才读取该特征点的信息给描述矢量生成模块进行相关处理。如图 6.7 中最右方框所示，整个策略的处理流程分为以下几个步骤。

（1）检测特征点缓存 FIFO 是否为空，若不为空，则读取一个特征点信息；

（2）判断积分图像存储模块中的数据是否满足描述该尺度特征点对积分图像数据的需求，若满足，则输出该尺度的特征点，若同时有多个尺度的特征点满足这一条件，则优先输出尺度高的特征点；

（3）读取该特征点主方向分配所需要的积分图像矩形区域数据；

（4）完成该特征点主方向分配的处理；

（5）读取该特征点描述矢量生成所需要的积分图像矩形区域数据；

（6）完成该特征点描述矢量生成的处理，回到步骤（1）。

如图 6.8 所示，A 表示当一个特征点被读取给描述矢量生成模块完成描述矢量生成操作所耗费的时间，B 表示输出特征点信息的时间（即读取一个特征点数据），C 表示读取主方向分配所需要的矩形区域积分图像数据所耗费的时间，D 表示完成主方向分配所耗费的时间，E 表示读取描述矢量生成需要的矩形区域数据所耗费的时间，F 表示完成描述矢量生成所耗费的时间。

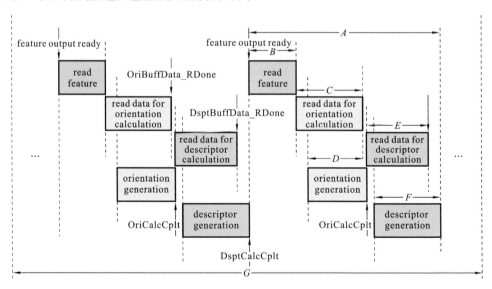

图 6.8　特征点读取描述的流程

6.2.4　特征点主方向分配模块

特征点主方向分配模块结构如图 6.9 所示，由 Haar 小波计算模块（Haar calcu-

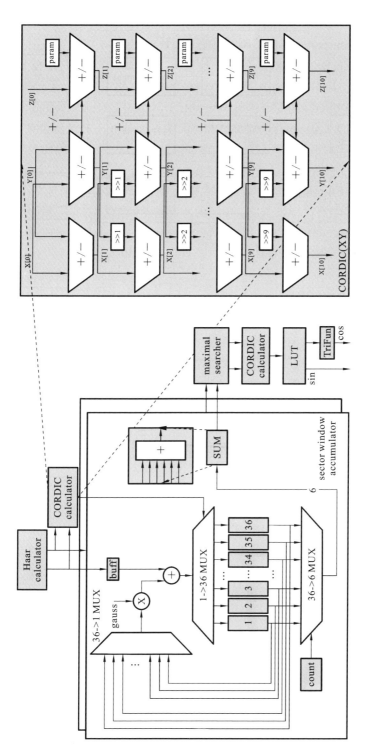

图 6.9　主方向分配模块结构

lator)、CORDIC 计算模块（CORDIC calculator）、x 方向和 y 方向的扇形窗口累加模块（sector window accumulator）、极大值搜索模块（maximal searcher）和三角函数生成模块（Sincos generator）组成。

主方向分配阶段的 Haar 小波响应值的计算范围如图 6.10 所示，即以特征点（圈点）为中心、6σ 为半径的圆所包含的共 109 个采样点（黑点）。从图中可以观察到 A 点与 B 点在进行 Haar 小波响应值计算时需要使用的 9 个积分图像采样点中有 6 个是重复的。为了减少该阶段对积分图像存储模块的访问次数，我们的设计中对这些重复的点仅需要读取一次就可以了，即采用一种流水线的计算方式，将需要读取的积分图像采样点从矩形区域的左上角依次输入一个 15×5 的寄存器阵列中，然后采用一个 5×5 的固定窗口读取固定位置上的寄存器值，完成 Haar 小波在 x 方向和 y 方向响应值的计算。下一节中的描述矢量生成模块的 Haar 小波响应值计算也采用了类似的数据重用策略。

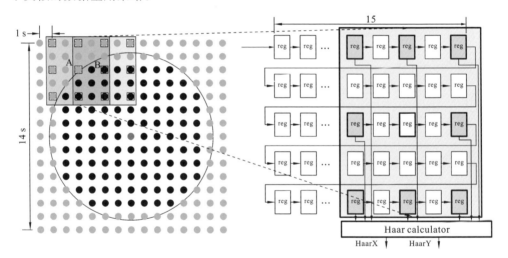

图 6.10 主方向分配 Haar 小波计算

Haar 小波响应值计算的结果被分发给 CORDIC 计算模块、x 方向和 y 方向的扇形窗口累加模块。CORDIC 计算模块是一种基于 CORDIC 算法，并根据输入的 x 值和 y 值求取夹角的模块。下面简单介绍 CORDIC 算法的原理。

CORDIC 全称为 coordinate rotation digital computer，是一种用于计算常用基本运算函数（如三角函数）和算数操作的循环迭代算法。本设计中利用其求取任意向量与 x 轴的夹角，使用的逼近方程为

$$\begin{cases} \hat{x}_{i+1} = x_i - y_i \tan\theta = x_i - d_i y_i 2^{-i} \\ \hat{y}_{i+1} = y_i + x_i \tan\theta = y_i + d_i x_i 2^{-i} \\ z_{i+1} = z_i - d_i \theta_i \end{cases} \tag{6.7}$$

式中：d_i 是一个判决算子，用于确定旋转方向；z_{i+1} 是最后逼近的角度。

这里设计的 CORDIC 算法的实现如图 6.9 右边的框图所示，采用 10 层的迭代计算。如表 6.1 所示，我们设计的 CORDIC 算法精度可以达到 $0.112°$，近似误差均小于 $\frac{1}{1024}$。

表 6.1　CORDIC 算法迭代的层数与角度的对应关系

i	$\theta^i/(°)$	$\tan \theta^i = 2^{-i}$	角度近似值 （扩大 1024 倍）	角度近似误差 （扩大 1024 倍）
0	45.0	1	46080	0
1	26.555	0.5	27193	-0.68
2	14.036	0.25	14336	0
3	7.125	0.125	7077	-0.136
4	3.576	0.0625	3662	-0.176
5	1.790	0.03125	1833	-0.04
6	0.895	0.015625	917	-0.52
7	0.448	0.0078125	458	0.752
8	0.224	0.00390625	229	0.376
9	0.112	0.001953125	114	0.688

CORDIC 计算模块得到的角度作为 36 选 1 复选器的选择信号，将当前的 Haar 小波响应值放到指定的角度区域中做累加，每个区域覆盖 $\pi/18$ 的扇形区域。当 109 个 Haar 小波响应值被分配完成后，通过循环累加连续 6 个区域中的累加值来仿真 $\pi/3$ 的扇形累加区域，以 $\pi/18$ 为扫描步数，共有 36 个细分的方向，从中求取 x 方向和 y 方向绝对值之和的最大值，即得到主方向的最大累加响应值。再经过一个 CORDIC 计算模块计算最大累加响应值的夹角。该特征点的主方向将其作为 sin 值查找表的输入，输出最终的 sin 值和 cos 值。为了节省资源，该查找表采用 10 位的整型数据覆盖 0 到 $90°$ 的正弦值，其他角度的正弦值和余弦值由简单的三角函数变换可得，覆盖精度为 $1°$。

6.2.5　特征点描述矢量生成模块

特征点描述矢量生成模块结构如图 6.11 所示，由 Haar 小波计算模块（Haar calculator）、描述矢量计算区域数据分配模块（calc area assign）、8 个描述矢量计算单元（process element）和描述矢量输出选择模块（dspt output select）组成。如图 6.12 所示，在 OpenSURF 算法描述矢量生成阶段，需要以特征点为中心（红色点）、以特征点的主方向旋转图像，然后取以特征点为中心的 $24s \times 24s$ 矩阵区域，分成 16 个 $9s \times$

9s 子区域,计算尺寸为 $2s \times 2s$ Haar 小波变换 x 方向和 y 方向的响应值,最后生成 64 维的描述矢量。所以,描述矢量生成模块接收来自主方向分配模块输出的 sin 和 cos 值,通过下列变换公式计算旋转后图像的坐标值 (x, y)。

$$\begin{cases} x = x_0 - j \times \sigma \times \sin\theta + i \times \sigma \times \cos\theta \\ y = y_0 + j \times \sigma \times \cos\theta + i \times \sigma \times \sin\theta \end{cases} \tag{6.8}$$

式中:σ 表示特征点所在的高斯尺度;i 和 j 表示相对于特征点的偏移地址。

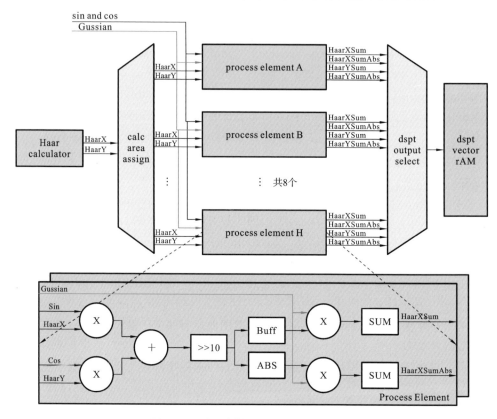

图 6.11 特征点描述矢量生成模块结构

为了完成描述矢量生成的计算,需要取以特征点为中心的 25×25 矩形区域,采用与主方向分配模块一样的数据重用策略计算尺寸为 $2s \times 2s$、Haar 小波变换 x 方向和 y 方向的响应值。如图 6.12 所示,16 个 $9s \times 9s$ 的子区域相互重叠,本设计采用 8 个子区域处理单元(process element A~H)完成 64 维的描述矢量生成。每个子区域处理单元需要分别计算两个子区域的 4 个响应值的和,即

$$\left[\sum dx, \sum |dx|, \sum dy, \sum |dy| \right]$$

整个流水线数据分配和处理的方式如图 6.13 所示,矩形区域的第 1 行到第 5 行

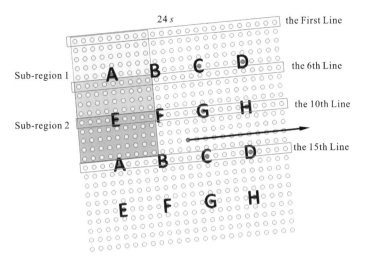

图 6.12　描述矢量生成模块计算区域

分配给 A、B、C、D 处理单元，从第 6 行到第 9 行分配给 A、B、C、D、E、F、G、H 处理单元，第 10 行分配给 E、F、G、H 处理单元，第 11 行到第 14 行分配给 A、B、C、D、E、F、G、H 处理单元，按照这样的规律依次分配，直到最后一个数据分配完毕。每个处理单元计算完成一个 $9s \times 9s$ 子区域就输出 4 个描述矢量 $\left[\sum \mathrm{d}x, \sum |\mathrm{d}x|, \sum \mathrm{d}y, \sum |\mathrm{d}y| \right]$，最后由描述矢量输出选择模块放入指定的内存区域地址。

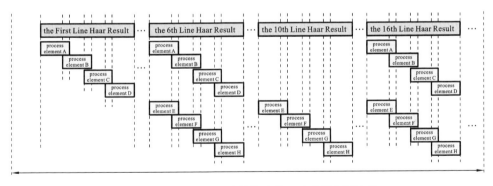

图 6.13　描述矢量生成模块计算区域数据分配流程

本章实现的 OpenSURF 算法测试使用的大部分图像中，图像的特征点数量最多为 1000 个。为了满足计算实时性的需求（60 f/s），每个特征点生成描述矢量所耗费的时间不能超过 16 μs。当图像输入时钟为 50 MHz 时，本章提出的架构在描述矢量生成部分使用的时钟为 150 MHz，提取一个特征点的描述矢量约需要 1800 个周期，即 12 μs。因此，本章设计的描述矢量生成模块对 800×640 的图像序列能轻松满足计算实时性的需求。

6.3 FPGA 加速的等效并行度分析

等效并行度是指每个工作时钟周期 FPGA 完成的等效操作数量,可以通过以下公式计算得到:

$$等效并行度＝计算速率/工作频率 \tag{6.9}$$

式中:计算速率指每秒钟完成的操作数量,即输出单个结果所需要的操作数与像素吞吐量的乘积,假设每个操作只需一个时钟周期,则

$$计算速率＝操作数/像素数×像素数/秒 \tag{6.10}$$

6.3.1 需求的等效并行度

本系统在特征检测阶段采用 2 组、每组 4 个尺度的系统配置,去除重复的两个尺度,系统总共包含 6 个不同尺度的盒状滤波器。所有滤波器处理的图像分辨率都是 $800×640$,图像的帧频为 60 f/s,因此盒状滤波器层叠结构的总吞吐率为 184.32 兆像素/秒,特征点检测模块的吞吐率为 122.88 像素/秒。盒状滤波器完成单个像素处理需要 42 个操作,特征检测模块完成每个像素需要 31 个操作,上述模块的计算速率分别为 7741.44 兆操作数/秒和 3809.28 兆操作数/秒。特征点检测模块直接由图像的时钟所驱动,而帧频为 60 f/s、分辨率为 $800×640$ 的视频序列的时钟频率为 50 MHz,因此特征点检测模块的工作时钟频率为 50 MHz。综上所述,特征点检测模块中两个子模块所需求的等效并行加速比分别为 155× 和 76×。

6.3.2 能达到的等效并行度

为了更清晰地说明本系统架构的计算性能,本节对各个部分的并行度进行分析。本章提出的 OpenSURF 特征点检测系统为全并行/流水硬件架构,系统能够达到的最高计算速度取决于运行速度最慢的模块。只有所有模块都能达到 60 f/s 的运算速度,系统才能满足计算实时性的需求。下面分析各个模块达到的等效并行度。

(1) 盒状滤波器滤波模块:该模块构建 2 组、每组 4 个尺度的图像金字塔,共 6 个不同的尺度滤波器。每层处理的图像分辨率都为 $800×640$,该模块为全并行/流水硬件架构,每个盒状滤波器需要 36 次加减运算、5 次乘法运算和 1 次移位运算,共 42 个操作,因此每层盒状滤波器的等效并行度为 252(42×6)×。

(2) 特征检测模块:极值点检测模块比较当前像素与相邻 26 个像素的大小,并综合比较结果判断当前像素是否为极值点,共需要 29 个操作;另外,低响应值检测模块需要 2 个操作,共需要 31 个操作。每组中有 2 个尺度的响应值图像能检测 SURF 特征,因此本模块的等效并行度为 124(2×2×31)×。

表 6.2 总结了上述关于计算量与并行度的分析。从表可知,本系统中特征点检

测模块所能达到的等效并行度都超出了 60 f/s 所需要的等效并行度。

表 6.2　硬件架构中各模块计算量需求与能达到的等效并行度分析

系统模块	像素/秒	操作数/像素	操作数/秒	系统时钟	需求并行度	达到并行度
盒状滤波器	184.32M	42	7741.44 M	50 MHz	155×	252×
特征点检测	122.88	31	3809.28 M	50 MHz	76×	124×

6.4　FPGA 实现中的参数选取

本节将 OpenSURF 算法 FPGA 实现架构中一些关键参数的设置对算法性能的影响进行分析,其中包括 Hessian 矩阵行列式阈值的设置对被检测到的特征点数量的影响、特征点检测部分采用的检测特征点组对被检测到的特征点数量的影响、主方向分配时最小细分角度的设置对图像匹配的正确率的影响、三角函数 sin 和 cos 值表示位宽的选取对图像匹配的正确率的影响。

6.4.1　Hessian 矩阵行列式阈值的设置

在 OpenSURF 算法的特征点检测阶段,通过设置一个适合的 Hessian 矩阵的行列式响应值的阈值可以有效地剔除图像中大部分平滑区域内的极值点,同时控制被检测到的特征点数量,以确保 OpenSURF 算法描述矢量生成部分在本设计的实现平台上能够顺利完成。

本节采用 Graf 的第一幅图像和第二幅图像作为测试图像,分别针对不同 Hessian 矩阵行列式响应值阈值,统计算法检测到的特征点数量和分析特征点匹配结果。

如图 6.14 和图 6.15 所示,随着 Hession 矩阵行列式阈值的增加,图像中被检测到的特征点数量逐渐减少。当该阈值被设置得很大时,虽然被检测到的特征点数量大幅减少,两幅图匹配的正确率趋于 100%,但是如果对于细节没有这么明显的图像,可能会导致因为特征点太少而不能完成匹配的后果。当该阈值被设置得很小时,图像中被检测到的特征点数量急剧增加,这对于 OpenSURF 算法描述矢量生成部分在本章实现的系统中工作是灾难性的,因为在 FPGA 实现时需要考虑到积分图像缓存的问题,如果在图像中某个区域被检测到的特征点特别多,就意味着该区域附近的积分图像要在图像缓存模块存放更长的时间以保证该区域特征点能够完成正确的描述矢量生成计算。如前文所述,本章设计的实现架构是由图像数据所驱动的,所以图像中每行数据在积分图像缓存区域存放的时间是固定的。于是,这样的矛盾导致的后果是:需要开辟更大的图像缓存区域以满足算法对数据的需求,或者保持原来的设计不变,整个算法出现阻塞,无法正常运作。无论采用哪种解决方案,都改变了设计的初衷,所以,我们针对不同场景的图像选取了合适的特征点,以保证本章设计的算法实现架构在保证能够顺利完成正确匹配工作的基础上检测到足够多的特征点。对于 8 组测试图像,本章设计的算法将 Hessian 矩阵行列式的阈值设置为 40,可以顺利完成 786 个特征点的检测和描述。如果特征点的位置分布均匀,本设计的系统架构最多可以完成 1300 个特征点的检测和描述。

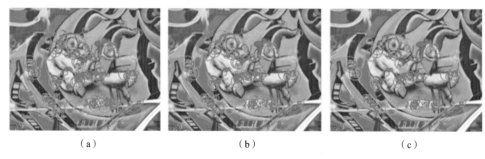

（a）　　　　　　　　　　　（b）　　　　　　　　　　　（c）

图 6.14　不同 Hessian 阈值下检测到的特征点

(a) 40 个特征点;(b) 150 个特征点;(c) 250 个特征点

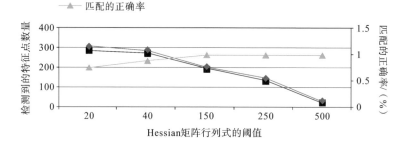

图 6.15　不同 Hessian 矩阵行列式阈值处理同一幅图像的结果

6.4.2　特征点检测部分采用的检测特征点组

如图 3.14 所示,图像中被检测到的特征点数量随着图像尺度的增加而急剧减少。本节使用标准测试图 Boat 作为测试数据,分析每幅图像中被检测到的特征点数量在不同尺度下的分布,以及算法采用不同层次做匹配时的性能,最后还分析在特征点检测部分采用特征点检测层次数量对 FPGA 资源消耗的趋势。

如图 6.16 所示,当特征点检测尺度大于 5.2 时,图像中被检测到的特征点数量急剧下降,超过 90% 以上的特征点在前两个尺度组中被检测到。从图 6.17 中可以看出,算法的性能没有随着特征点检测尺度组的增加而出现明显的提升。在 FPGA 实现上,OpenSURF 算法实现在特征点检测阶段采用更多的尺度组就意味着需要更多的 FPGA 资源来实现。如图 6.18 所示,当 OpenSURF 算法特征点检测的尺度组线性增加时,FPGA 实现的各项资源将呈现指数增长的趋势,这对于资源有限的

FPGA是灾难性的。综合上述特征点被检测到的数量、算法的匹配性能和 FPGA 的资源需求量,本章设计的实现系统折中采用前 2 个尺度组作为 OpenSURF 算法的特征点检测尺度组,这样可以实现该算法 90% 以上的性能,同时不会过分消耗 FPGA 中的资源。

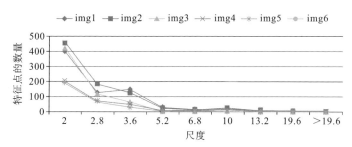

图 6.16　图像中被检测到的特征点所在尺度与数量的关系图

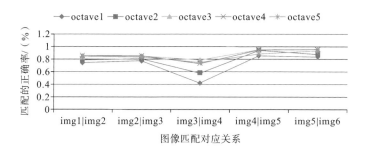

图 6.17　采用不同组做匹配时算法的匹配正确率

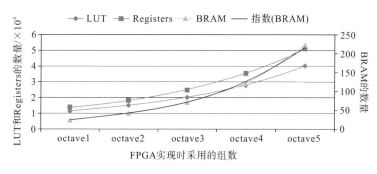

图 6.18　FPGA 各项资源数目随着算法采用的组数的变化趋势

6.4.3　主方向分配时最小细分角度的设置

在 OpenSURF 算法中,主方向分配时的最小角度直接影响特征点的主方向个数,间接影响了特征点描述矢量生成时的准确率。本节以标准测试图 Graf 的第一幅图像为基础,将其以 5° 为步长,旋转至 180°,共 37 幅图像作为测试数据,对 Open-

SURF 算法在多个细分角度下匹配点的总数和匹配的正确率进行统计,其中细分角度包括 5°、10°、15°、30°、45° 和无旋转变换。

如图 6.19 和图 6.20 所示,当细分角度减少时,匹配的点数会出现小幅的增加,在没有分配主方向的算法中,旋转的图像不仅完成匹配的点对非常少,而且匹配的正确率也很低,最后可能导致不能完成正确的匹配工作。本设计的实现架构综合考虑了主方向细分角度对算法性能的影响,更小的细分角度可能会导致系统资源的增加,折中采用 10° 为主方向的细分角度。在 10° 的细分角度下,不仅能保证匹配点的数量足够多,而且匹配的正确率也接近 90%。

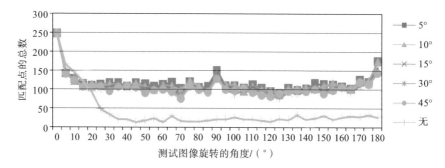

图 6.19　不同细分角度下的匹配点数量

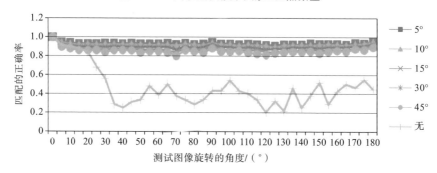

图 6.20　不同细分角度下匹配的正确率

6.4.4　三角函数 sin 和 cos 值表示位宽的选取

在 OpenSURF 算法的处理步骤中,特征点的主方向将用来计算三角函数 sin 和 cos 的值,将其用做描述矢量生成部分旋转区域的选取和描述矢量旋转的计算。在 FPGA 实现中,由于 sin 和 cos 值为浮点小数,只能使用一定位宽的定点数对其近似。不同的位宽表示将有不同的计算精度损失,会影响描述矢量的计算结果,最终影响匹配的正确率。本节以标准测试图 Graf 的第一幅图像为基础,将其以 5° 为步长,旋转至 180°,共 37 幅图像作为测试数据,对多个三角函数 sin 和 cos 值表示的位宽进行测试。在图 6.21 和图 6.22 中展示了三角函数 sin 和 cos 值表示的位宽为 2 位、4 位、6 位、10 位和 16 位时,旋转图像间匹配的特征点数量和匹配的正确率。从图中可以清晰地看到,当 sin 和 cos 值表示的位宽增加时,图像间匹配的点数明显增多,但是随着位宽的增加,算法匹配效果的提升逐渐趋于饱和,所以本设计的实现架构综合考虑了整个系统资源和算法性能,三角函数 sin 和 cos 值采用 10 位作为近似位宽。

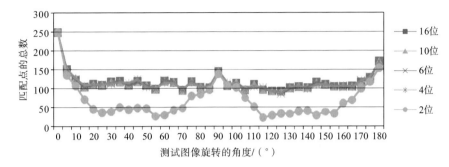

图 6.21　sin 和 cos 值采用不同位宽时匹配点的数量

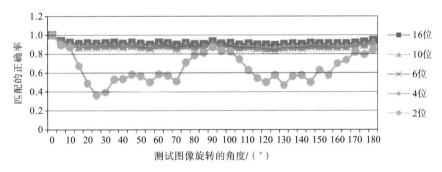

图 6.22　sin 和 cos 值采用不同位宽时匹配的正确率

6.5　FPGA 实现测试验证方法

本节采用软件仿真验证和板级测试验证方法来分析和验证 OpenSURF 算法的加速性能。本节首先介绍 FPGA 仿真验证平台的设计,包括软件仿真系统的设计、板级测试系统的设计,然后简单介绍 PC 模拟相机输入测试软件的设计,最后展示测试验证的结果,包括测试标准图像库的结果和 FPGA 各项资源的占用率,以及各个模块工作的最高时钟频率。

6.5.1　仿真验证平台设计

仿真验证是 FPGA 逻辑设计中不可或缺的环节,因为 FPGA 开发的特殊性,使得基于 FPGA 的开发存在结果不直观、错误定位难等问题,因此需要借助 EDA 工具对 FPGA 逻辑进行仿真验证,主要分为以下两个阶段。

(1) 功能/时序仿真:功能/时序仿真平台都是基于 PC 建立的仿真模型,时序仿真还需将组合逻辑延时作为仿真模型的输入,判断设计的建立时间和保持时间是否满足需求。

(2) 板级仿真验证:将逻辑代码综合并布线后下载到 FPGA 中运行,判断设计是否满足实际需求。

1. 基于软件的功能/时序仿真

本节主要使用 Xilinx ISE 14.7＋Modelsim SE 10.1c＋Debussy 的方式进行功能/时序仿真。其中 Xilinx ISE 14.7 是 Xilinx 公司的集成开发环境,主要完成系统工程管理、IP 核生成、代码编写等功能;Modelsim SE 10.1c 是 Mentor Graphics 公司专注于 FPGA 逻辑仿真的工具,比 Xilinx ISE 内嵌的仿真工具 ISim 的效率更高。此外 Modelsim SE 10.1c 为第三方仿真结果查看工具提供了标准接口,可与 Debussy 等波形查看工具协调一起使用。Debussy 主要用于查看 Modelsim SE 10.1c 仿真过程中存储的仿真波形。

典型仿真验证平台由 4 个部分组成,即仿真激励数据、被验证 FPGA 逻辑代码、Matlab 语言代码、结果存储及对比,其连接关系如图 6.23 所示。每个 FPGA 逻辑模块都有对应的 Matlab 代码作为参考。在仿真过程中,仿真激励数据作为输入分别送给被验证 FPGA 逻辑代码和 Matlab 语言代码,为方便错误定位,其输出被存储并进行结果对比。

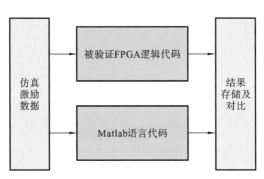

图 6.23　FPGA 逻辑仿真验证平台

2. 基于 FPGA 的仿真测试验证平台

完成功能/时序仿真后,还需要进行板级测试验证。因为相机输出的数据不可控,如果直接使用相机输出作为输入测试数据,无法对算法的状态做定性分析。本节使用板级仿真形式对 FPGA 逻辑进行仿真,板级仿真平台主要由两个部分组成:个人计算机、Xilinx 公司的 KC705 评估开发板(简称 FPGA 开发板,如图 6.24 所示)。

本节使用的仿真测试验证平台如图 6.25 所示,PC 负责提供数据内容可控的测

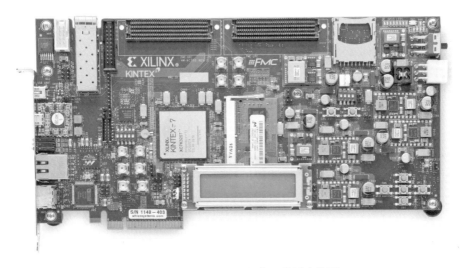

图 6.24　Xilinx KC705 评估开发板实物图

试图像,通过千兆网口发送至 FPGA 开发板;FPGA 开发板接收到图像数据后,将千兆以太网的数据格式解析并存储到板上的 DDR3 SDRAM 中;最后将图像数据按照预定的相机时序输出给待测试的算法模块;待测试算法模块接收到图像数据后,处理图像数据,并将处理的结果通过千兆以太网发送给 PC;PC 解析接收到的处理结果,并将处理的结果进行展示。

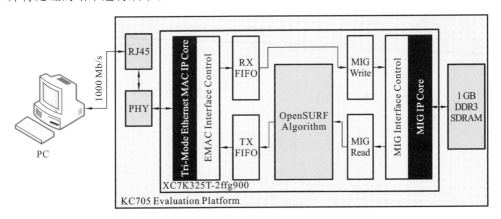

图 6.25　Xilinx KC705 评估板仿真测试验证平台

　　PC 与 FPGA 开发板之间使用以太网 MAC 层协议通信,因此 PC 需要将图像数据按照如图 6.26 所示的 MAC 层数据包格式,通过 Winpcap 的 API 函数将数据发送至 FPGA 开发板。仿真验证平台需要满足分辨率为 800×640、每秒 60 帧的视频传输需求,因此需要从硬盘中以接近 235 Mb/s 的速度读取图像数据。此外,还需要将实验结果数据存储在硬盘中,这些操作对硬盘的读/写速度以及实时性要求非常严格,通用 PC 的硬盘有时无法满足如此严苛的实时性需求,所以本验证平台将需要发送的所有图像数据一次性装载到 PC 的内存中。该方法的特点是需要占用大量的物理内存,1000 帧的图像需要占用近 500 MB 内存空间,所幸目前大部分 PC 的内存都能满足应用需求。

目的MAC地址	源MAC地址	类型	数据区
6 B	6 B	2 B	46～1500 B

图 6.26　以太网 MAC 层协议数据包格式

3. PC 软件

本节的 PC 软件基于 Vision Studio 2010＋Qt4.8.1 完成开发,网络通信模块采用 Winpcap 包。板级测试验证平台返回的结果为每幅图像的特征点位置信息和描述矢量信息,PC 将接收的处理结果按照图像分多个文件依次存储,标记处理图像的特征点位置信息并显示标记结果。同时,PC 软件将完成帧间的匹配操作,但受限于 PC 的处理能力,其匹配的结果并不能实时显示,只能按照处理的顺序依次输出。PC 软件的界面如图 6.27 所示。

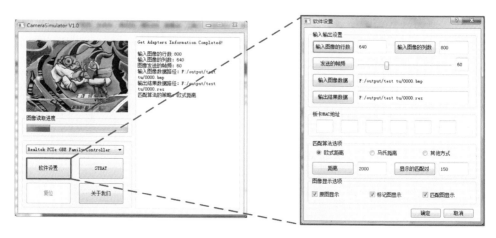

图 6.27　PC 软件界面及软件设置界面

PC 软件的处理流程如图 6.28 所示,整个软件由以下 3 个线程组成。

发图软件主线程:主要完成图像发送参数和图像匹配参数的设置,当用户正确完成软件的设置后,单击"开始"按钮,主线程就会开启图像发送线程和图像匹配线程,同时实时显示当前软件运行的状态,包括发送的图像编号信息和图像匹配结果信息。

图像发送线程:主要完成图像发送和处理结果收集的功能。当线程开启运行后,若设置的图像文件夹路径无误,则该线程将文件夹路径下的所有图像文件加载

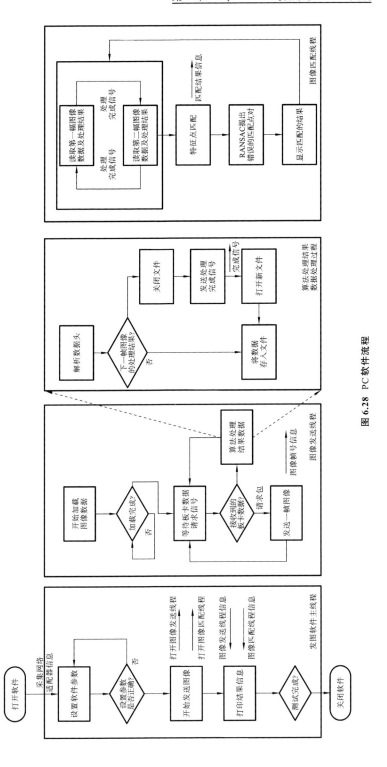

图 6.28　PC 软件流程

到内存中,然后等待板卡的数据请求 MAC 包,每收到一个数据请求 MAC 包就发送一帧图像数据,直到内存中的所有图像发送完为止,同时将板卡处理的结果保存,每帧图像的结果保存在一个文件夹中。每当一幅图像处理完成,就给图像匹配线程发送完成信号。

图像匹配线程:主要完成两幅相邻图像间的匹配和匹配信息的统计。每接收一个图像处理完成信号,就读取对应的图像文件和图像处理结果文件。当接收的图像处理完成信号大于 2 个时,完成图像匹配的计算,包括 KNN 最近邻和次近邻点的搜索和 RANSAC 算法的计算,最后显示匹配的结果图像。

6.5.2 FPGA 实现的结果

表 6.3 和表 6.4 展示了基于 Xilinx KC705 评估开发板实现的验证平台各个模块的资源利用率和 OpenSURF 算法各个模块的资源利用率。其中,OpenSURF 算法的资源利用率是采用以下参数设置后的实现结果:

(1) 积分图像数据使用 18 位数据表示;

(2) 特征点检测阶段最大的盒状滤波器尺寸是 51×51;

(3) 积分图像数据缓存模块缓冲 192 行数据;

(4) 主方向分配在 36 个细分角度上进行;

(5) CORDIC 算法使用 10 级迭代计算求夹角;

(6) 三角函数 sin 和 cos 值使用 10 位常数;

(7) 描述矢量使用 26 位位宽数据表示。

表 6.3 验证平台各个模块的资源利用率

FPGA	registers	LUTs	DSP48Es	BRAMs
MAC Interface Control	91/407600 (0.0222%)	141/203800 (0.0692%)	0/840 (0%)	2/445 (0.4494%)
Tri-Mode Ethernet MAC IP Core	1358/407600 (0.3331%)	1159/203800 (0.5687%)	0/840 (0%)	2/445 (0.4494%)
MIG Interface Control	1709/407600 (0.4192%)	992/203800 (0.4868%)	0/840 (0%)	29/445 (6.5168%)
MIG IP Core	7200/407600 (1.7664%)	10294/203800 (5.0510%)	0/840 (0%)	0/445 (0%)
OpenSURF Algorithm	35045/407600 (8.5979%)	47352/203800 (23.2345%)	146/840 (17.3809%)	140/445 (31.4606%)
Whole System	45578/407600 (11.1820%)	60002/203800 (29.4416%)	146/840 (17.3809%)	173/445 (38.8764%)

表 6.4　OpenSURF 算法各个模块的资源利用率

FPGA	registers	LUTs	DSP48Es	BRAMs
Integral Image	133/35045 (0.3795%)	203/47352 (0.4287%)	0/146 (0%)	1/173 (0.5780%)
Feature Extraction Stage	18001/35045 (51.3654%)	14902/47352 (31.4707%)	67/146 (45.8904%)	41/173 (23.6994%)
Integral Image Storages	7659/35045 (21.8547%)	14372/47352 (30.3514%)	0/146 (0%)	96/173 (55.4913%)
Orientation Generation Stage	5550/35045 (15.8368%)	11887/47352 (25.1035%)	4/146 (2.7397%)	0/173 (0%)
Descriptor Generation Stage	2968/35045 (8.4691%)	5421/47352 (11.4483%)	75/146 (51.3699%)	0/173 (0%)

从表 6.4 可以看出,OpenSURF 的 FPGA 实现系统架构在积分图像生成部分(integral image)占用的资源在整个系统中微乎其微;在特征点检测部分(feature extraction stage)占用了整个系统绝大部分的资源,包括寄存器、DSP48E 和 BRAM 资源;积分图像存储模块(integral image storages)消耗了整个系统一半以上的 BRAM 资源;描述矢量生成部分(descriptor generation stage)因为要计算特征点的旋转变换结果而消耗了整个系统一半以上的 DSP48E 资源。

表 6.5 展示了 OpenSURF 算法 FPGA 实现的系统架构中各个模块单独运行时的最大工作时钟频率。为了提高特征点描述矢量的计算速度,本书实现的 OpenSURF 算法,在特征点主方向分配和描述矢量生成部分采用的工作时钟是特征点检测模块工作时钟的三倍频。为了保证整个系统综合及布线的时间,本实验的工程工作时钟分别采用 50 MHz 和 150 MHz 两个频率。

表 6.5　各个模块运行的最高频率和实现版本使用的频率

FPGA	Integral Image	Feature Extraction Stage	Integral Image Storages	Orientation Generation Stage	Descriptor Generation Stage
最大时钟频率 /MHz	304.062	123.996	233.772	183.642	183.642
实验使用的时钟频率 /MHz	50	50	50/150	150	150

6.6　本　章　小　结

本章提出一种计算效率非常高的 OpenSURF 特征检测与描述矢量提取的 FP-GA 实现系统。它充分利用了 FPGA 并行/流水的计算特性。在图像数据时钟为 50 MHz 时,可以每秒处理分辨率为 640×480 的图像 80 帧,每幅图像最多检测出 1000 个特征点,并实时完成描述矢量提取。本章详细介绍了该系统各个模块的设计方法,对整个系统等效并行度进行了分析。同时还介绍了 FPGA 实现验证的方法,包括软件仿真测试平台和板级测试验证平台。最后通过软件分析并展示了 OpenSURF 特征检测与描述矢量提取的 FPGA 实现结果,包括各模块资源占用率和最高频率。

参 考 文 献

[1] 王永明,王贵锦. 图像局部不变性特征与描述[M]. 北京:国防工业出版社,2010.

[2] 万卫兵,霍宏,赵宇明. 智能视频监控中目标检测与识别[M]. 上海:上海交通大学出版社,2010.

[3] 秦绪佳,洪夏阳,王慧玲,等. 改进的遥感图像 SURF 特征匹配算法[J]. 小型微型计算机系统,2016(2):327-331.

[4] 辛明,张苗辉. 基于 SURF 的红外成像末制导目标跟踪算法[J]. 光电子.激光,2012(8).

[5] 陈铭,代晓芳,吕周南,等. 基于网格化 SURF 特征的野外环境地形分类[C]//第 33 届中国控制会议,2014.

[6] 黄灿. 基于局部特征的车辆识别[D]. 上海:上海交通大学,2010.

[7] ZHAO Z, CHEN W, WU X, et al. Object tracking based on multi information fusion[C]//Control and Decision Conference, IEEE, 2015.

[8] ZHANG B, JIAO Y, MA Z, et al. An efficient image matching method using Speed Up Robust Features[C]//IEEE International Conference on Mechatronics and Automation. 2014:553-558.

[9] 周宇浩崴. 基于 DSP 嵌入式平台多路实时视频拼接技术[D]. 上海:上海交通大学,2013.

[10] KERN J P, PATTICHIS M S. Robust Multispectral Image Registration Using Mutual-Information Models[J]. IEEE Transactions on Geoscience & Remote Sensing, 2007, 45(5):1494-1505.

[11] 徐丽燕,王静,邱军,等. 基于特征点的多光谱遥感图像配准[J]. 计算机科学,2011, 38(7):280-282.

[12] 冯林，管慧娟，滕弘飞. 基于互信息的医学图像配准技术研究进展[J]. 生物医学工程学杂志，2005，22(5)：1078-1081.

[13] WANG L，LI B，TIAN L F. Multi-modal medical image fusion using the inter-scale and intra-scale dependencies between image shift-invariant shearlet coefficients[J]. Information Fusion，2014，19(1)：20-28.

[14] TERWILLIGER T C. Automated main-chain model-building by template matching and iterative fragment extension[J]. Acta Crystallogr，2003，59，38-44.

[15] LUCAS B D，KANADE T. An iterative image registration technique with an application to stereo vision[C]//International Joint Conference on Artificial Intelligence. 1981：285-289.

[16] LEWIS J P. Fast Normalized Cross-Correlation[J]. Circuits Systems & Signal Processing，2001，82(2)：144-156.

[17] HASSAN F，ZERUBIA J B，MAIC B. Extension of phase correlation to sub-pixel registration[J]. IEEE Transactions on Image Processing，2002，11(3)：188-200.

[18] CAI L D，MAYHEW J. A Note On Some Phase Differencing Algorithms For Disparity Estimation[J]. International Journal of Computer Vision，1997，22(2)：111-124.

[19] CHEN Q S，DEFRISE M. Symmetric phase-only matched filtering of Fourier-Mellin transforms for image registration and recognition[J]. IEEE Transactions on Pattern Analysis and Machine Intelligence，1994，16(12)：1156-1168.

[20] HARRIS C G，STEPHENS M. A Combined Corner and Edge Detector[C]//Alvey Vision Conference. 1988，15(50)：10-5244.

[21] CANNY J. A Computational Approach to Edge Detection[J]. IEEE Transactions on Pattern Analysis and Machine Intelligence，1986，PAMI-8(6)：679-698.

[22] LOWE D G. Object recognition from local scale-invariant features[C]//The Proceedings of the Seventh IEEE International Conference on. IEEE，2001(2)：1150-1157.

[23] LOWE D G. Distinctive Image Features from Scale-Invariant Keypoints[J]. International Journal of Computer Vision，2004，60(60)：91-110.

[24] BAY H，TUYTELAARS T，GOOL L V. SURF：Speeded Up Robust Features[J]. Computer Vision and Image Understanding，2006，110(3)：404-417.

[25] BAY H, ESS A, TUYTELAARS T, et al. Speeded-Up Robust Features (SURF)[J]. Computer Vision and Image Understanding, 2008, 110(3): 346-359.

[26] MATAS J, CHUM O, URBAN M, et al. Robust wide-baseline stereo from maximally stable extremal regions[J]. Image and Vision Computing, 2004, 22(10):761-767.

[27] ROSTEN E, DRUMMOND T. Fusing Points and Lines for High Performance Tracking[C]. IEEE Computer Society, 2005:1508-1515.

[28] SIVIC J, ZISSERMAN A. Video Google: A Text Retrieval Approach to Object Matching in Videos[C]. IEEE International Conference on Computer Vision, 2003:1470.

[29] MCCARTNEY M I, ZEIN-SABATTO S, MALKANI M. Image registration for sequence of visual images captured by UAV[C]. Computational Intelligence for Multimedia Signal and Vision Processing, 2009:91-97.

[30] AGRAWAL M, KONOLIGE K, BLAS M R. Censure: Center Surround Extremas for Realtime Feature Detection and Matching [M]. Heidelberg: Springer Berlin, 2008:102-115.

[31] WANG Q, YOU S. Real-time Image Matching Based on Multiple View Kernel Projection[C]// IEEE Society Conference on Computer Vision. 2007:1-8.

[32] LINDEBERG T. Edge Detection and Ridge Detection with Automatic Scale Selection[J]. International Journal of Computer Vision, 1998, 30(2): 465-470.

[33] MIKOLAJCZYK K, SCHMID C. An affine invariant interest point detector [M]. Computer Vision — ECCV 2002. Heidelberg:Springer Berlin, 2002:E1973.

[34] LINDEBERG T, GARDING J. Shape from texture from a multi-scale perspective[C]// Fourth International Conference on Computer Vision. 1993: 683-691.

[35] MORAVEC H P. Towards Automatic Visual Bbstacle Avoidance[C]// International Conference on Artificial Intelligence. 1977.

[36] MARINELLI M, MANCINI A, ZINGARETTI P. GPU acceleration of feature extraction and matching algorithms[C]// IEEE/ASME International Conference on Mechatronic and Embedded Systems and Applications. 2014:1-6.

[37] TERRIBERRY T B, FRENCH L M, MFRENCH L, et al. GPU Accelerating Speeded-up Robust Features[C]//Processdings of 3DPVT. 2008,8:355-362.

[38] JEON D，KIM Y，LEE I，et al. A 470mV 2.7mW feature extraction-accelera-tor for micro-autonomous vehicle navigation in 28nm CMOS[C]// Solid-State Circuits Conference Digest of Technical Pajers. 2013:166-167.

[39] SCHAEFERLING M，KIEFER G. Flex-SURF：A Flexible Architecture for FPGA-Based Robust Feature Extraction for Optical Tracking Systems[C]. Reconfigurable Computing and FPGAs (ReConFig)，2010 International Con-ference on IEEE，2010:458-463.

[40] LENTARIS G，STAMOULIAS I，SOUDRIS D，et al. HW/SW co-design and FPGA acceleration of visual odometry algorithms for rover navigation on Mars [J]. IEEE Transactions on Circuits and Systems for Video Technology，2015.

[41] ZHANG B，JIAO Y，MA Z，et al. An efficient image matching method using Speed Up Robust Features[C]// IEEE International Conference on Mecha-tronics and Automation. 2014:553-558.

[42] ZHANG H，HU Q. Fast image matching based-on improved SURF algorithm [C]// International Conference on Electronics. Communications and Control，2011:1460-1463.

[43] SCHAEFERLING M，KIEFER G. Object Recognition on a Chip：A Com-plete SURF-Based System on a Single FPGA[C]// International Conference on Reconfigurable Computing and FPGAs. IEEE Computer Society，2011:49-54.

[44] SCHAEFERLING M，KIEFER G. Flex-SURF：A Flexible Architecture for FPGA-Based Robust Feature Extraction for Optical Tracking Systems[C]. Reconfigurable Computing and FPGAs (ReConFig)，2010 International Con-ference on IEEE，2010:458-463.

[45] BOURIS D，NIKITAKIS A，PAPAEFSTATHIOU I. Fast and Efficient FP-GA-Based Feature Detection Employing the SURF Algorithm[C]// 2010 18th IEEE Annual International Symposium on Field-Programmable Custom Com-puting Machines. IEEE Computer Society，2010:3-10.

[46] SLEDEVIC T，SERACHIS A. SURF algorithm implementation on FPGA [C]// Electronics Conference. IEEE，2012:291-294.

[47] WILSON C，ZICARI P，CRACIUN S，et al. A power-efficient real-time ar-chitecture for SURF feature extraction[C]// International Conference on Reconfigurable Computing and Fpgas. IEEE，2014.

[48] FAN X，WU C，CAO W，et al. Implementation of high performance hard-

ware architecture of OpenSURF algorithm on FPGA[C]// International Conference on Field-Programmable Technology. 2013:152-159.

[49] CROW F C. Summed-area tables for texture mapping[J]. Acm Siggraph Computer Graphics，1984，18(3):207-212.

[50] EVANS C. Notes on the OpenSURF Library[J]. University of Bristol，2009.

[51] https://github.com/amarburg/opencv-ffi-ext/tree/master/ext/opensurf.

[52] YANG X，CHENG K T. Accelerating surf detector on mobile devices[C]. The ACM International Conference，2012:569-578.

[53] WIJAYA R，WURYANDARI A I，NUGRAHA H C. OpenSURF performance in windows phone 7[C]// International Conference on System Engineering and Technology. 2012:1-5.

[54] ZHAO J，ZHU S，HUANG X. Real-time traffic sign detection using SURF features on FPGA[C]// High Performance Extreme Computing Conference. IEEE，2013:1-6.

[55] HAN Y，ORUKLU E. Real-time traffic sign recognition based on Zynq FPGA and ARM SoCs[C]// IEEE International Conference on Electro/information Technology. 2014:373-376.

[56] 申雷华，孙立辉. 基于 SURF 特征的交通标志识别算法[J]. 信息与电脑（理论版），2016(1).

[57] LI H，XU T，LI J. Face Recognition Based on Improved SURF[C]// Third International Conference on Intelligent System Design and Engineering Applications. 2013.

[58] 李艳超. 基于 SURF 算法的人脸识别考勤管理系统的设计与实现[D]. 成都：电子科技大学，2014.

[59] 杨博. 图像搜索与匹配系统在 DSP 上的设计与实现[D]. 成都：电子科技大学，2011.

[60] 王建辉. 实时视觉特征检测与匹配的硬件架构研究[D]. 武汉：华中科技大学，2015.

[61] BELT H J W. Word length reduction for the integral image[C]// IEEE International Conference on Image Processing. IEEE，2008:805-808.

[62] http://www.robots.ox.ac.uk/~vgg/research/affine/.

[63] FISCHLER M A,BOLLES R C. Random Sample Consensus：a paradigm for model fitting with application to image analysis and automated cartography [J]. Communications of the ACM,1981,24(6):381-395.

第7章 异源图像融合的并行化实现

随着光电子技术的迅速发展,其研究和应用领域早已经跨入非可见光波段,不再仅限于可见光波段。在非可见光波段,人们对红外光和紫外光的研究不断深入,20世纪基于红外光和紫外光的应用技术也迅速发展。20世纪80年代后期,国外已着手紫外光的军用研究,并在军事装备上获得成功应用。这项技术已逐渐推广到民用领域,成为一项军民两用技术。例如,在警用领域利用紫外光检测指纹、体液,在水质监测中使用紫外光谱分析;在电力领域探测和确定高压电变电系统电晕放电的位置;在科学研究领域,观察等离子放电现象、电弧放电,探测森林火灾、油气田火灾并报警,生物、医学研究中的测量分析等。世界各国对紫外探测技术的深入研究,进一步拓宽了紫外探测技术的应用领域,特别是在民用方面,需求不断增多,市场潜力巨大,如刑事侦查、输电线路巡检等。随着计算机技术特别是微处理器的不断发展和应用,此类探测仪器的研制已经实现微机化,并开始向自动化、智能化和光机电一体化方向发展。随着电子技术、计算机技术和光电器件的不断发展和功能的完善,光和电的相互渗透进一步强化,加之更多的新技术、新器件得以推广,为光电仪器向更高档次的智能化发展创造了条件。多光谱检测技术总的发展趋势就是不断利用最新技术向高灵敏度、高稳定性、高分辨率和强抗干扰能力的方向发展。

不同光谱的图像提供了目标的不同特征信息,异源图像的融合使得目标不同特征信息的融合成为可能。一般在应用中要求异源图像融合系统具有较高的处理速度,能够达到实时处理的要求,同时兼具较低的功耗。实现图像处理的主要方式有:① 在通用计算机上用软件实现图像处理;② 在通用计算机系统中加入专用的加速处理模块;③ 利用 DSP 或 FPGA 设计出专用的嵌入式图像处理系统。在众多图像处理方式中,最常用的是第一种,但此种方式几乎要占用 CPU 全部的处理能力,速度较慢,不适于实时处理,需要对其加以改进。其他几种方式各有不足,如第二种方式不适于嵌入式应用,专业性较强,应用受到限制。随着 FPGA 技术的不断发展,其性能得到大幅度的提升,完全能够满足实时图像处理系统的要求,功耗也不断下降,可以应用在便携式系统之中,完成实时的语音和视频处理工作。

本章介绍一种可见光与紫外光实时融合的实时检测系统。该系统可对紫外光和可见光两路信号进行实时采集、配准和融合处理。利用优化设计硬件结构、快速图像配准算法及基于 MicroBlaze 软核的控制模块,设计了一种基于 FPGA 的快速图像配准实现方法。该系统充分发挥了 FPGA 在实时性、并行计算方面的优势,实现了对不同焦距下可见光图像数据与紫外光图像数据的实时融合处理。结果表明,该系统能够有效提高图像融合处理的速度和系统运行效率,满足对紫外光信号进行检测和定位的要求。

7.1 系统总体方案设计

为了能够拍摄电晕放电的紫外光图像,同时又能够拍摄到电晕放电周围的可见光背景图像,以便确定紫外光信号发生的具体位置,通常的方案是采用对可见光和紫外光均响应的器件直接对目标进行探测,再通过 CCD(电荷耦合器件)产生视频图像并输出到显示终端以供观察和分析。但是,电晕发出的辐射很微弱,可见光比紫外光要强得多,并且一般的 CCD 对可见光更敏感,因此这种方案很难实施。

为了解决可见光与紫外光差别太大的问题,采用了可见光与紫外光分离的方案,即双光路的设计结构。一路探测紫外光图像,并对微弱的紫外光信号进行光谱转换,形成紫外成像,同时另一路对背景图像直接成像。这样可以缩小背景和紫外信号之间的能量差别,可以探测到两种图像。而后通过两路图像的叠加,便可在一幅图像上同时观察到可见光背景图像和紫外光图像,实现探测和定位的目的。系统的整体功能框架如图 7.1 所示。

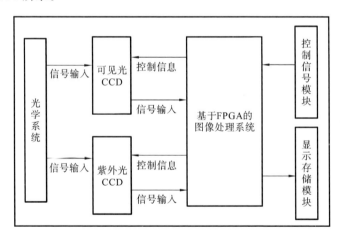

图 7.1　系统整体功能框图

在紫外探测技术和基于 FPGA 的数字图像处理技术的基础上,进行紫外双光谱成像系统的设计,主要实现对同轴光路的调整、数字图像的精确处理、系统电源的更新设计,以及系统机械结构部分的设计,同时对整个系统的集成度做相应的优化,实现便携式的设计。

如图 7.1 所示,系统各个组成部分的具体功能说明如下。

(1) 光学系统:包括分光系统,这是整个光学结构设计中的重点,通过它将光源分为可见光部分和紫外光部分。

（2）可见光 CCD：对可见光信号成像，输出 PAL（逐行倒相正交平衡调幅）制式的模拟图像。

（3）紫外光 CCD：对紫外光信号成像，输出 PAL 制式的模拟图像。

（4）基于 FPGA 的图像处理系统：以 FPGA 为数字信号的核心，对紫外光和可见光两路图像信号进行融合和叠加处理，并响应外部的命令输入，将处理结果发送到显示存储模块。

（5）控制信号模块：输入外部的控制命令，FPGA 内部的 MicroBlaze 软核响应控制命令。

（6）显示存储模块：将图像处理系统处理之后的可见光/紫外光融合图像显示在 5 英寸（1 英寸＝2.54 厘米）的液晶屏上，并将融合之后的图像存储在 SD 卡中，为以后分析数据使用。

这几个部分构成一个有机的整体，协同工作，将一路光信号分成紫外光/可见光两路，并分别成像后，再进行配准融合处理，最后将结果实时显示和存储。

7.2 基于 FPGA 的硬件电路设计

随着 FPGA 技术的不断发展，其性能得到了大幅提高，完全能够满足实时图像处理系统的要求，功耗也不断下降，可以应用在便携式系统之中，完成实时的语音和视频处理工作。以 FPGA 为核心的高速图像处理硬件系统不但为系统的图像处理软件提供运行平台，实现图像融合的实时性，而依据 FPGA 设计的 SOPC（可编程片上系统），作为系统控制核心及部分图像处理算法的协处理器，能够减少硬件系统设计的复杂性，增强可扩展性。在此基础上，通过优化硬件设计，能够保证系统的便携性，硬件系统设计还包括系统机械结构设计和系统电源设计。

7.2.1 成像系统硬件结构总体设计

在成像系统中，基于 FPGA 的硬件电路板是整个系统的核心，包括系统控制和图像配准融合等功能，系统硬件结构如图 7.2 所示。

系统以 FPGA-XC4VLX80 作为控制核心，以 ADV7170 及 ADV7180 为 A/D 和 D/A 转换器，通过 MAX3232 作为可见光相机和紫外光相机的控制接口，与其他外围电路一起来实现系统图像配准的功能。

7.2.2 硬件模块详细设计

1. 电源及其监控系统的设计

电源系统是电子系统正常工作的基础之一，电源的设计至关重要。本系统一共有 5 种电压等级，如表 7.1 所示。

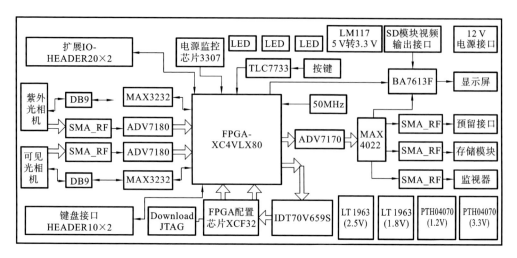

图 7.2　硬件系统结构

系统中各主要芯片的电流如表 7.2 所示。

表 7.1　系统电压生成方式

电源名称	幅值	供 电 范 围	生 成 方 式
3V3	3.3 V	FPGA 及 3.3 V 器件	由 PTH05060 转换 5 V 电压得到
1V8	1.8 V	FPGA 配置芯片的 VCCINT	由 3.3 V 电压通过 LT1963 转换得到
2V5	2.5 V	FPGA 供电电压	由 3.3 V 电压通过 LT1963 转换得到
1V2	1.2 V	FPGA 内核供电电压	由 PTH04070 转换 3.3 V 电压得到
A3V3	3.3 V	ADV7170 的模拟部分供电电压	通过隔离 3.3 V 电压得到

表 7.2　系统中各主要芯片的电流(最大值或典型值)

芯 片 名 称	电流类型(电压大小)	电流/mA
XCF16P (FPGA 配置芯片)	ICCINT (1.8 V)	10
	ICCO (3.3 V)	40
	ICCJ (3.3 V)	5
XC4VLX80	ICCINTQ (1.2 V)	138
	ICCOQ (3.3 V)	34
	ICCAUXQ(2.5 V)	12
	ICCINTD (1.2 V)	166
	ICCOD (3.3 V)	0
	ICCAUXD(2.5 V)	163

续表

芯 片 名 称	电流类型(电压大小)	电流/mA
MAX4019	Itotal (3.3 V)	120
IDT70V659S	Itotal (3.3 V)	120
ADV7170	Itotal (3.3 V)	72
ADV7180	Itotal (3.3 V)	77

电源变换过程如图 7.3 所示。在本系统中,设计了一个电源监控系统。电源监控系统使用芯片 TPS3307-25。该芯片可以监控 3.3 V、2.5 V 及一个可以配置的高于 1.25 V 的电源。本系统中将 3.3 V、2.5 V 及 1.8 V 电源作为监控对象。当这些电源电压低于预设值时,系统就会复位。

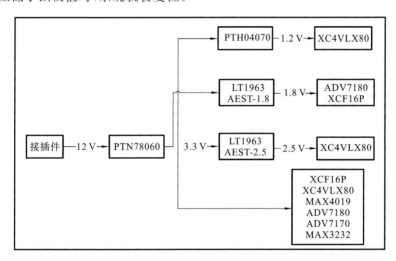

图 7.3　电源变换过程

系统在 PCB(印制电路板)设计中电源平面层的分割如图 7.4 所示,在分割电源层时,尽量使电源平面完整,在电源层最窄的地方能够满足系统过电流的需求,电源分割层要紧挨着地平面,以减少电源噪声。

2. 外部 DPRAM IDT70V659S 设计

本系统中使用的 DPRAM 是 128K×36 位宽的,本系统将 DPRAM 的两个端口都接入 FPGA 中,数据线的接法是 LD[7:0]、LD[16:9]、LD[25:18]、LD[35:27]、RD[7:0]、RD[16:9]、RD[25:18]、RD[35:27]。这样连接的原因是,DPRAM 是以 9 位为一个单位进行操作,Byte Enable 信号都是针对 9 位设计的,但是 DSP 中的 Byte Enable 是针对 8 位设计的,所以在设计的时候是取 9 位数据的低 8 位接入 FPGA 进行操作。

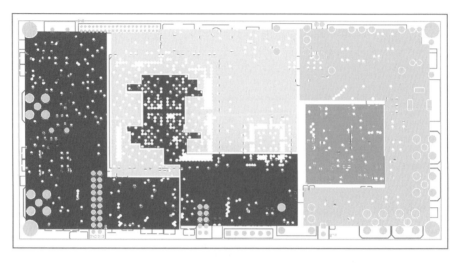

图 7.4 电源平面层分割

3. 系统时钟的设计

信息处理机系统中时钟源的类型及作用如表 7.3 所示。

表 7.3 系统中时钟源的类型及作用

时钟源	作用
28.63636 MHz 无源晶振	ADV7170/ADV7180 工作时钟
50 MHz 有源晶振	FPGA 工作时钟

FPGA 的工作时钟从芯片的全局时钟管脚输入，以减少其在芯片内部的布线延时。

4. FPGA 配置芯片设计

FPGA 是基于 SRAM(静态随机存储器)工艺的，所以在掉电后 FPGA 内部的逻辑并不会保存下来，而在每次上电的时候 FPGA 会从配置芯片中读取相应的逻辑完成相应的处理任务。

本系统中使用的配置芯片 XCF32P 可以存储 32 Mb 的位流数据，一般情况下都是够用的，不会出现 FPGA 逻辑超出配置芯片存储范围的情况，而且该芯片是并行配置的芯片，兼容串行配置模式。

在 FPGA 中可以通过 M[2:0]选择 FPGA 在上电时的配置模式，在该系统中因为 FPGA 的 IO 口够用，所以本系统使用 8 位并行的配置模式。

配置芯片与 FPGA 在 JTAG 上为菊花链结构。

设计完成的 PCB 实物如图 7.5 所示。

图 7.5　PCB 实物图

7.3　基于 EDK 的 MicroBlaze 软核设计

在图像配准系统中,需要通过外部接口输入控制命令来实现阈值输入、可见光相机变焦控制、图像显示模式变化等功能,还需要实现部分算法。单纯使用 FPGA 编程实现上述功能的代码复杂,控制过程烦琐,若再加入一个单片机或 ARM 控制器,则会增加系统复杂度。因此,我们通过在 FPGA 内部的 SOPC 内嵌入一个 MicroB-laze 软核来实现上述功能。MicroBlaze 是 Xilinx 公司开发的一款嵌入式处理器软核,采用 32 位精简指令集计算机(reduced instruction set computer,RISC)优化结构,用于开发 FPGA 上的嵌入式工程。其突出特点是可编程、可裁剪、易操作,以及与 FPGA 交换数据时的方便性,完全满足对系统控制的要求。而在后续的研究中,将可裁剪的软核作为 SOPC 实现,可应用于相关图像处理系统的底层设计中,当使用成熟之后,可以做成图像处理底层的 ASIC 芯片,拓宽其使用范围。

7.3.1　MicroBlaze 处理器特点分析

MicroBlaze 处理器采用 RISC 架构和哈佛结构、32 位地址总线、独立的指令和数据缓存,并且有独立的数据和指令总线连接到 IBM 的片上外围总线(on-chip peripheral bus,OPB),能很容易地与其他外设 IP 核一起完成整体功能。图 7.6 所示的是 MicroBlaze 的接口连接和架构布局,图 7.7 所示的是 MicroBlaze 的内部功能块。

7.3.2　MicroBlaze 的中断机制

MicroBlaze 支持重置、硬件异常、中断、用户异常、暂停等机制。它们的优先级

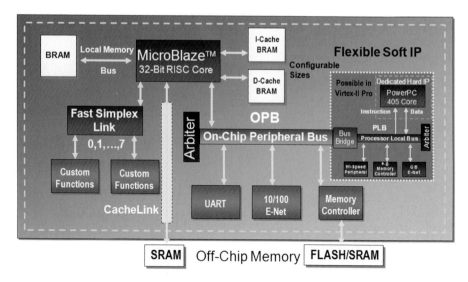

图 7.6 MicroBlaze 的接口连接和架构布局

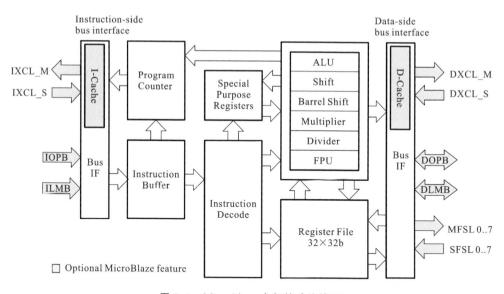

图 7.7 MicroBlaze 内部的功能块图

排序为(标号越小,优先级越高):① 重置;② 硬件异常;③ 不可掩饰暂停;④ 暂停;
⑤ 中断;⑥ 用户异常。

7.3.3 MicroBlaze 的总线接口

采用了哈佛结构的 MicroBlaze 配置了以下总线接口来对指令和数据分别进行
传输。下面将分别介绍各个总线的功能。

1. OPB

OPB 分为 DOPB(data OPB)和 IOPB(instruction OPB)两类接口,主要用来挂接数据和指令的片上外设,是各类外设连接处理器的主要方式。关于 OPB 的详细内容可参见相关的数据手册。

2. LMB

本地存储器总线(local memory bus,LMB)主要用来连接片上块 RAM(block RAM,BRAM)。为了在一个时钟周期内完成访问,LMB 采用了控制信号最少和协议简单的方式。它分为 DLMB(data LMB)和 ILMB(instruction LMB)两类接口,而且这些接口只和 BRAM 连接。

3. 调试接口和追踪接口

调试接口用来支持基于 JTAG 的软件调试工具,如 XMD。接口连接 FPGA 上的 MDM 进行多处理器核的软件调试,可以设置断点、暂停或者重置、读/写寄存器、存储空间信息、写入指令和数据 Cache 等。

追踪接口可以输出内部信号的状态,用于性能的监视和分析。

7.4 图像配准中 SOPC 的设计

7.4.1 Xilinx 嵌入式系统开发工具介绍

Xilinx 公司推出的嵌入式开发套件(embedded development kit,EDK)是包含了用于设计嵌入式编程系统的集成开发解决方案。这个由 Xilinx 预配置的套件包括了 Xilinx Platform Studio(XPS)工具,以及嵌入式 IBM PowerPC 硬件处理器核、Xilinx MicroBlaze 软处理器核进行 Xilinx 平台 FPGA 设计时所需的技术文档和 IP。

对于 Xilinx 平台的 FPGA 系列,如 Virtex-4、Virtex-Ⅱ Pro 或 Spartan-3 器件系列,EDK 提供了软件和硬件两个方面的集成,允许工程团队定制他们的硬核/软核设计,以优化其特性集、性能、尺寸和成本。EDK 采用灵活的可编程平台,这些智能的平台工具能够使系统架构工程师、硬件和软件工程师在可编程系统领域进行迅捷而富有创造力的开发工作。处理器开发工具是 Xilinx 综合性嵌入式解决方案的关键部分,面向 Virtex 和 Spartan 的 FPGA 能极大提高嵌入式开发效率。

EDK 同时对使用 Xilinx ISE 的结合开发提供了良好的支持。

7.4.2 Xilinx 嵌入式系统开发过程

Xilinx 嵌入式系统的开发流程如图 7.8 所示。

1. 使用 BSB 向导构建硬件平台

用 BSB 向导生成的硬件平台向导(见图 7.9)可以帮助开发人员为一个特定的开

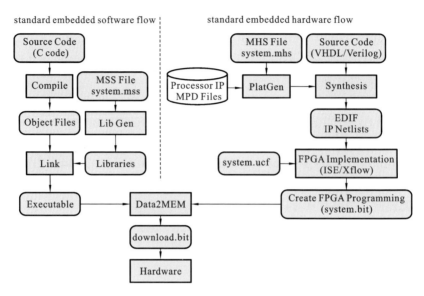

图 7.8 Xilinx 嵌入式系统的开发流程

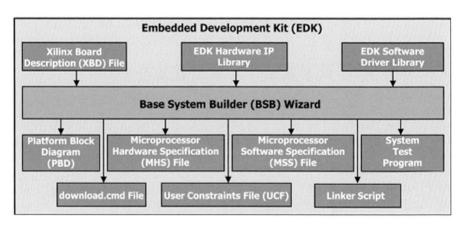

图 7.9 用 BSB 向导生成的硬件平台向导

发板或者用户自定义的开发板迅速构建一个新的嵌入式处理器系统。

通过 BSB 向导的设置将产生 Xilinx 的开发板描述文件(Xilinx board description file),后缀名为.xbd,它定义了特定开发板的外围设备和这些外围设备同 FPGA 设备的连接方式。

2. 设定工程选项

从 XPS 的界面菜单调出[Project|Project Option]对话框,在 Device and Repository 标签中可以看到通过 BSB 向导选择的开发板的设备信息。在 Hierarchy and Flow 标签中可以选择设计的模式,默认为顶层设计通过 XPS 来实现,如果选择 submodule design 模式,将通过调用 ISE Project Navigator 来实现。

3. 创建硬件

从 XPS 的界面菜单调用[Hardware|Generate Bitstream]对话框,可以生成一个硬件平台的二进制文件。

4. 设置软件选项和生成软件库

从 XPS 的界面菜单调出[Software|Software Platform Settings]对话框,在 OS & Library Settings 中可以选择一个用于设计的可选操作系统。XPS 支持 Standalone（默认）、Xilinx MicroKernel、Monta Vista Linux 和 vxWorks 操作系统。其他操作系统可以通过安装 Microprocessor Library Definition(MLD)来实现。

5. 建立一个新的软件工程项目

从 XPS 的界面菜单调出[Software|Add Software Appliction Project]对话框,用户可以选择有针对性的处理器添加软件工程项目。新添加的软件工程项目将保存于 $EDK/SDK_Projects 文件夹中。当程序员完成代码编写后,可以先通过 EDK 进行交叉编译,这是因为 EDK 已经内置了一套 PowerPC/MicroBlaze 的 GNU 编译工具。

6. 配置 FPGA,下载软件到开发板并验证设计功能

从 XPS 的界面菜单调出[Device Configuration|Downloads Bitstream]对话框,将之前生成的位流下载到开发板中,然后验证设计功能。

7.4.3　图像配准算法的 FPGA 设计实现

图像配准是图像融合技术的基本环节,也是图像融合中经常要用到的一种重要技术之一。只有经过配准后的图像才能进行有效融合。图像配准可认为是对从不同传感器在相同或不同时间、相同或不同视角对同一场景拍摄的两幅或多幅图像进行空间域上的匹配过程。在电晕放电检测过程中,图像配准的特点如下。

(1) 紫外光波段的辐射和可见光波段的辐射强度差别太大,无法使用一个成像器来同时实现对可见光和紫外光的成像。

(2) 检测过程中可见光通路的焦距会发生变化,而紫外光路的焦距为固定值,即配准图像的焦距会实时变化。这需要在可见光每一次变焦距的过程中,紫外光通路的图像要实时配准。

(3) 光学系统的设计中采用双光路的设计结构,通过分束镜可以让两幅图像的中心点在同一个光轴上,而通过机械结构将可见光相机与紫外光相机固定之后,其相对的偏移量误差为固定误差。

(4) 由于成像器本身的噪声及外界的干扰,紫外光通路中的图像含有噪声,在配准时需要通过预处理方法去掉噪声。

(5) 成像器的成像频率为 50 Hz,从而图像配准完成的时间不能超过 20 ms,即需要实时配准。

从上述分析可知,本系统中的配准是指不同类型的两个传感器在相同时间、相同视角对同一场景拍摄的两幅图像进行空间域匹配的过程。其图像配准流程如图7.10所示,下面将依据其特点,有针对性地选择配准算法来实现实时配准。

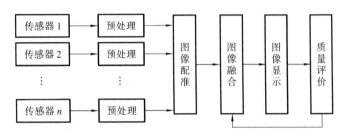

图 7.10 图像配准流程

图像配准可以分为半自动配准和全自动配准。半自动配准是以人机交互的方式,由操作员手工选取一些特殊且容易识别的点,如道路交叉点、桥梁等作为配准控制点,然后利用计算机对图像进行特征匹配、变换和重采样。全自动配准则是直接利用计算机完成图像配准工作,无需用户参与。

基于电晕放电图像的特点,其配准方式采取半自动配准方式。

图像配准参数获取的流程如图 7.11 所示,下面将分别叙述其实现方式。

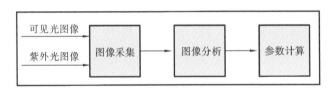

图 7.11 图像配准参数获取流程图

1. 图像采集

对配准物进行成像,需要考虑以下两个问题。

(1) 提供人工紫外光辐射源,紫外光路只对日盲段的紫外光响应,空气中没有此波段的紫外光,所以必须提供紫外光源对配准物进行照射。我们采用了 280 nm 波段的紫外灯。

(2) 配准要考虑材料和形状的选取,考虑到成像在可见光波段具有较高的辨识度,能够精确确定其坐标位置,我们采用白色面板上加黑色圆来实现其在可见光波段的有效辨识,如图 7.12 所示。

选择好待配准物之后,搭建图像采集平台。图像采集平台包括相机固定支架、带有 4 个成像定标点的成像目标面。成像目标面中有 4 个成像定标点,它们在可见光相机和紫外光相机中均能成像为 4 个恰可辨别的点。利用图像平台采集视频,通过图像采集卡将视频导出到外部存储介质。其紫外光 CCD 和可见光变焦之后的成像分别如图 7.13 和图 7.14 所示。

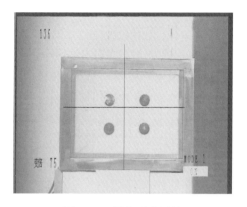 

图 7.12　图像配准面板　　　　　　　图 7.13　紫外光 CCD 图像

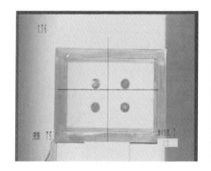 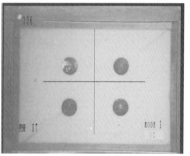

图 7.14　不同焦距下的可见光图像

2. 图像分析

提取外部存储介质中的视频,从视频中提取若干帧图像,选择若干帧图像中成像定标点最清晰的一帧图像,用图像处理软件分析图像,对图像建立坐标系,确定 4 个成像定标点在可见光图像和紫外光图像中的坐标。

3. 参数计算

确定 4 个成像定标点 A、B、C、D 在待配准图像中的坐标和在基准图像中的坐标。依据相应的计算公式,计算出对应的笛卡儿仿射变换的配准参数。

本系统中使用机械结构使可见光相机和紫外光相机处于同一光轴上。由于可见光相机的焦距可调,则图像配准模型由平移、旋转和缩放的笛卡儿变换构成。其公式为

$$\begin{pmatrix} x' \\ y' \end{pmatrix} = \begin{pmatrix} t_x \\ t_y \end{pmatrix} + s \begin{pmatrix} \cos\theta & -\sin\theta \\ \sin\theta & \cos\theta \end{pmatrix} \times \begin{pmatrix} x \\ y \end{pmatrix} \tag{7.1}$$

为了便于 FPGA 实现,上述公式可以变换为

$$\binom{x'}{y'}=\binom{t_x}{t_y}+\begin{pmatrix} a_{00} & a_{01} \\ a_{10} & a_{11} \end{pmatrix}\times\binom{x}{y} \tag{7.2}$$

7.4.4 图像配准算法流程及 FPGA 实现

图像配准的流程如图 7.15 所示,首先将可见光的基准图像和紫外光的待配准图像读入 FPGA 中,紫外光图像进行图像预处理,通过多帧图像比较去噪声,并经全局阈值分割转化为二值图像存储在 FPGA 内部的 DPRAM 中,再利用仿射变换将两幅图像中的对应点对应起来,应用像素插值将两幅图像的对应点找出来,之后使用图像显示模块将配准之后的融合图像显示出来。

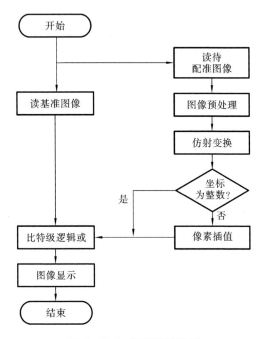

图 7.15 图像配准流程图

采用基于 Virtex-4 系列的 FPGA 作为处理核心,在 FPGA 逻辑模块内部实现图像配准等处理算法,可以充分发挥 FPGA 在实时性、并行计算方面的优势。FPGA 的内部逻辑框图如图 7.16 所示。

图像预处理模块:先通过全局阈值分割将紫外光图像转化为二值图像,其二值化的阈值从外部手动输入,可以根据不同的背景范围调整不同的阈值,从而使图像效果最佳。

图像存储模块:以标准 IP 核 DPRAM 为模板建立 4 个存储单元。本模块分析紫外光相机输出的 YCrCb 数据流,剔除其中的帧头、帧尾、帧间数据,将依次到达 FPGA 的每 4 帧紫外光图像写入 4 个 DPRAM 模块中。之后通过多帧图像比较的

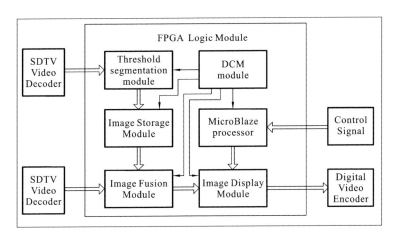

图 7.16 FPGA 内部逻辑框图

方法去除噪声。

图像配准模块：将采集到的待配准图像和基准图像直接输入 FPGA，分析待配准图像的 PAL 制式，找到每一帧待配准图像的起始位置，分离出每一行和每一列的起始段，在每一帧内对行计数，从 1 到 576，在每一行内对列计数，从 1 到 720，丢掉待配准图像的帧头、行头、帧尾，将各行列的有效像素分别存入 FPGA 中的存储块。

根据可见光相机当前的变焦倍数，读出参数提取步骤中相应的缩放参数和偏移量参数，并分析基准图像的 PAL 制式，找到每一帧基准图像的起始位置，分离出每一行的起始段，保留基准图像的帧头、行头和帧尾，在各行列的有效像素通过之前 6 个时钟周期，根据仿射变换参数计算基准图像某像素在待配准图像中相应像素的坐标。

像素插值：当仿射变换得到的待配准图像中的像素坐标不是整数值时，需要对像素插值。根据计算出的待配准图像的像素坐标加以操作：如果行坐标在 1 到 576 范围内，列坐标在 1 到 720 范围内，则舍去小数部分，仅取整数部分；如果行坐标小于 1 或大于 576，列坐标小于 1 或大于 720，则该坐标不在寻址范围之内，将不进行寻址操作。根据插值后的结果，从 FPGA 内部的存储模块中寻址到待配准图像中的像素。

利用图像显示模块，在图像显示设备上显示出配准后的图像，并通过存储模块将相关的数据存储下来，以便数据分析使用。

其输出的可见光与紫外光融合的图像如图 7.17 所示。

成像系统完成之后的产品如图 7.18 所示。

图 7.17 融合显示图像

图 7.18　成像系统产品外观图

参考文献

[1] 黄翌敏. 紫外探测技术应用[J]. 红外技术，2005(4)：9-15.

[2] 王玺，方晓东，聂劲松. 军用紫外技术[J]. 红外与激光工程，2013,42(S1)：58-61.

[3] 程开富. 新型紫外摄像器件及应用[J]. 国外电子元器件，2001(2)：4-10.

[4] DYMOCK D. Blind date：a case study of mentoring as workplace learning[J]. Journal of Workplace Learning，1999,11(8)：312-317.

[5] 靳贵平，庞其昌. 紫外指纹检测仪的研制[J]. 光学精密工程，2003,11(2)：198-202.

[6] 曾甜玲，温志渝，温中泉，等. 基于紫外光谱分析的水质监测技术研究进展[J]. 光谱学与光谱分析，2013,33(4)：1098-1103.

[7] 张海峰，庞其昌，李洪，等. 基于 UV 光谱技术的高压电晕放电检测[J]. 光子学报，2006,35(8)：1162-1166.

[8] 王忆锋，余连杰，马钰. 日盲单光子紫外探测器的发展[J]. 红外技术，2011,31(12)：715-720.

[9] 杨杰. 紫外探测技术的应用与进展[J]. 光电子技术，2011,31(4)：274-278.

[10] 于磊，王淑荣，林冠宇. 星载电离层探测成像光谱技术发展综述[J]. 地球物理学进展，2012,27(6)：2308-2315.

[11] 何小芳，杨南南，贺超峰，等. 纳米 TiO_2 在聚合物抗紫外光老化中的研究进展[J]. 材料导报，2013,27(8)：50-53.

[12] 周建军，江若琏，姬小利，等. 界面极化效应对 $Al_xGa_{(1-x)}N/GaN$ 异质结 pin 探测器光电响应的影响[J]. 半导体学报，2007,28(6)：947-950.

[13] 沈均平，刘建永，胡江华，等. 武装直升机一体化复合对抗红外/紫外双色制导研究[J]. 红外技术，2005,27(6)：505-509.

[14] 饶晗亮,杨百龙,韩志强. 光电对抗技术探析[J]. 电脑知识与技术,2009,5 (6):1516-1518.

[15] 李霁野,邱柯妮. 紫外光通信在军事通信系统中的应用[J]. 光学与光电技术, 2005,3(4):19-21.

[16] 靳贵平,庞其昌. 紫外可见双光谱图像检测系统的研制[J]. 科学技术与工程, 2008,8(1):181-183.

[17] 匡红刚,张占龙. 基于紫外光功率法的电力设备电晕放电检测仪[J]. 现代科学 仪器,2009,(4):36-39.

[18] 张燕,龚海梅,白云,等. 空间用紫外探测及 AlGaN 探测器的研究进展[J]. 激 光与红外,2006,36(11):1009-1012.

[19] 李雪,陈俊,何政,等. 两种结构 GaN 基太阳盲紫外探测器[J]. 激光与红外, 2006,36(11):1040-1042.

[20] 杨承,朱大勇. EBCCD 等几种常见成像器件的分析及比较[J]. 仪器仪表学报, 2005,26(8s1):275-276.

[21] BOLOGNA F F, BRITTEN A C, Vosloo H F. Current research into the re- duction of the number of transmission line faults on the Eskom MTS [C]. 2001.

[22] 冯允平. 高电压技术中的气体放电及其应用[M]. 北京:水利电力出版 社,1990.

[23] 萧泽新. 工程光学设计[M]. 2 版.北京:电子工业出版社,2008.

[24] 陈书汉,庞其昌,靳贵平,等. 一种双波段图像实时融合实验系统[J]. 光学技 术,2006,32(2):277-279.

[25] 马立新,徐如钧,胡博,等. 单通道双谱紫外电晕放电检测方法[J]. 测控技术, 2012,31(3):32-35.

[26] 何宾,王瑜. 基于 Xilinx MicroBlaze 多核嵌入式系统的设计[J]. 电子设计工 程,2011,19(13):141-144.

[27] 倪国强,刘琼. 多源图像配准技术分析与展望[J]. 光电工程,2004,31(9): 1-6.

[28] BROWN L G. A survey of image registration techniques[J]. ACM Compu- ting Surveys,1992,24(4):325-376.

[29] 梁勇,程红,孙文邦,等. 图像配准方法研究[J]. 影像技术,2010,22(4):15- 17,46.

[30] ANUTA P E. Spatial registration of multispectral and multitemporal digital imagery using fast Fourier transform techniques[C]// IEEE Transactions on Geoscience Electronics. 1970,8(4):353-368.

[31] BARNEA D I, SILVERMAN H F. A class of algorithms for fast digital image registration[C]// IEEE Transactions on Computers, 1972, 100(2): 179-186.

[32] PRATT W K. Correlation techniques of image registration[C]// IEEE Transactions on Aerospace and Electronic Systems. 1974(3): 353-358.

[33] MCGILLEM C D, SVEDLOW M. Image registration error variance as a measure of overlay quality[C]// IEEE Transactions on Geoscience Electronics. 1976, 14(1): 44-49.

[34] BARROW H G, TENENBAUM J M, BOLLES R C, et al. Parametric correspondence and chamfer matching: Two new techniques for image matching [R]. DTIC Document, 1977.

[35] SVEDLOW M, MCGILLEM C D, ANUTA P E. Image registration: Similarity measure and preprocessing method comparisons[C]// IEEE Transactions on Aerospace and Electronic Systems. 1978, 14: 141-150.

[36] MAITRE H, WU Y F. A dynamic programming algorithm for elastic registration of distorted pictures based on autoregressive model[C]// IEEE Transactions on Acoustics, Speech and Signal Processing. 1989, 37(2): 288-297.

[37] RIGNOT E, KOWK R, CURLANDER J C, et al. Automated multisensor registration: Requirements and techniques[J]. Photogrammetric Engineering and Remote Sensing, 1991, 57(8): 1029-1038.

[38] ZITOVA B, FLUSSER J. Image registration methods: a survey[J]. Image and Vision Computing, 2003, 21(11): 977-1000.

[39] 李智, 张雅声. 基于轮廓特征的图象配准研究[J]. 指挥技术学院学报, 1998, 9(3): 101-106.

[40] 王小睿, 吴信才. 遥感多图象的自动配准方法[J]. 中国图象图形学报, 1997, 2(10): 735-739.

[41] 郭海涛, 刘智, 张保明. 基于遗传算法的快速影像匹配技术的研究[J]. 测绘学院学报, 2001, 18(S0): 20-22.

[42] 匡雅斌, 王敬东, 李鹏. 红外与可见光图像配准算法[J]. 电子科技, 2011, 24(5): 80-84.

[43] 刘鹏, 周军, 罗德志, 等. 基于互信息及蚁群算法的红外与可见光图像配准研究[J]. 微计算机应用, 2008, 29(10): 53-58.

[44] 江静, 张雪松. 红外与可见光图像自动配准算法的研究[J]. 红外技术, 2010, 32(3): 137-141.

[45] 侯晴宇, 武春风, 赵明, 等. 基于似然函数最速下降的红外与可见光图像配准[J]. 光子学报, 2011, 40(3): 433-437.

[46] 马立新,胡博,徐如钧,等. 双通道电晕放电紫外检测及其图像融合方法[J]. 测控技术,2012,31(10):16-19,24.

[47] 张莉,冯大政. 基于部分重设的侧抑制神经网络及其在图像分割中的应用[J]. 控制与决策,2012,27(3):464-467,472.

[48] 钱小燕,韩磊,王帮峰. 红外与可见光图像快速融合算法[J]. 计算机辅助设计与图形学学报,2011,23(7):1211-1216.

[49] 李安安. 几种图像边缘检测算法的比较与展望[J]. 大众科技,2009(12):46-47.

[50] ROSENFELD A,KAK A C. Digital picture processing[M]. New York:Elsevier,2014.

[51] 王皎,张天序,颜露新,等. 景象匹配算法在多 DSP 系统中的并行实现[J]. 微计算机信息,2007,23(6-2):151-153.

[52] 金立军,陈俊佑,张文豪,等. 基于图像处理技术的电力设备局部放电紫外成像检测[J]. 电力系统保护与控制,2013,41(8):43-48.

[53] 郭晶. 微光双谱成像中的图像自动配准研究[D]. 南京:南京理工大学,2007.

[54] 李洪,庞其昌,靳贵平,等. 应用于双光谱检测的图像融合技术[J]. 暨南大学学报(自然科学与医学版),2006,27(5):687-692,709.

[55] 范永杰,金伟其,李力,等. 基于 FPGA 的可见光/红外双通道实时视频融合系统[J]. 红外技术,2011,33(5):257-261.

第8章 全景拼接的并行化实现

8.1 概　　述

图像拼接(image mosaic)技术是指将同一场景、相互之间存在重叠部分的一组图像序列进行空间匹配对准,经重采样融合后形成一幅包含各图像序列信息的、宽视角场景的、完整的、高清晰的新图像。图像的拼接问题是基于图像绘制(image based rendering,IBR)领域的一个重要研究课题,也是虚拟环境重建的重要技术手段。它要解决的问题是如何把小视域的照片拼接成一张大视域的图像,以满足人们观察、浏览大范围场景的需要。

根据拼接基准表面的映射模型不同,图像拼接可分为平面映射、球面映射、立方体映射和柱面映射等各种类型,投影过程是三维世界通过一个理想的透视相机在二维平面上成像的过程。

1. 平面映射

平面映射以序列图像中的一幅图像的坐标系为基准,将其他图像都投影变换到这个基准坐标系中,根据相邻图像的特征找到它们的重叠区域,通过图像对齐技术对重叠区域图像进行无缝缝合。由此形成的拼接称为平面图像拼接。Szeliski 和 Shum 等提出了一种全景图像拼接(panorama mosaic,PM)算法,它是平面拼接技术的典型代表。拼接技术的关键就是根据待拼接图像在重叠区的一致性原理来求解两幅图像之间的投影变换矩阵(projective transformation martix)。投影变换矩阵有 8 个参数,可以通过交互方式确定相邻图像中的 4 对对应点来确定这 8 个参数的初值,然后通过优化迭代得到投影变换矩阵的精确值。以 Szeliski 等的结论为基础,近年来,许多研究者对平面拼接进行了研究。徐丹等借助小波变换技术提出了一个基于复值小波分解的图像拼接算法,在分解后的图像上寻找匹配关系。Hsu 等提出了一个由照片和视频图像进行自动拼接构成广视域全景图的方法。

2. 球面映射

球面映射可以实现水平 360° 和垂直 180° 的全景图,适合全视角图像的生成。球面全景图以球面图像的形式存储,是与人眼模型最接近的一种全景描述。但它也有以下缺点:像素点在球面存储时,没有合适的数据存储结构使其按行列均匀排列。李学庆等提出了一个基于球面映射的视景生成系统,可对输入的一系列图像在球面模型上建立全景图像,实现水平 360° 和垂直 180° 的任意浏览。马向英等开发了一个基于部分球面模型的室内虚拟漫游系统,采用自动匹配和人机交互相结合的方法可以无缝地将多幅图像拼接成一幅全景图,并利用改进的基于查找表的算法实现固定视点的实时漫游。华顺刚等提出了一种基于球面投影模型的全景图像自动拼接算法,对手持相机获得的系列照片构建了球面全景图像。

3. 立方体映射

为了克服球面映射中存在的数据不宜存储的缺点,近年来发展了一种立方体全景。这种立方体映射方式易于全景图像数据的存储,但是只适用于计算机生成的图像,应用于实景拍摄的图像则比较困难。因为在构造图像模型时,立方体各个面之间有一定夹角,只有相机的摆放位置十分精确才能避免光学上的变形。最重要的是,这种投影不便于描述立方体的边和顶点的图像对应关系,因此很难在全景图像上对边和顶点进行标注。唐琎等提出了一种基于立方体模型的全景图像绘制方法,推导出了任意方位的照片图像与立方体表面的相互映射公式,把全方位图像映射到一个立方体的表面上,形成立方体全景图。

4. 柱面映射

柱面映射是指将采集到的图像样本数据投影到一个以相机焦距为半径的柱面,并在柱面上进行全景图的拼接。虽然柱面映射方式在垂直方向的转动有限制,但是它能展开为一个矩形平面,对图像数据的采集也很简单,而且横向 $360°$ 的环视环境可以较好地表达出空间信息,所以柱面全景图是较为理想的一种选择。柱面全景应用的一个经典例子就是美国苹果公司的商业化软件 QuickTime VR。它基本实现了包括固定视点的连续旋转和缩放、虚拟相机的镜头拉伸等效果。国防科技大学的张茂军等成功开发了一个基于柱面模型的虚拟现实系统,用户可在其中进行前进、后退、仰视、俯视、$360°$环视、近视、远视等漫游操作。Kyung 等提出了一个构建柱面全景拼图的有效算法。对于摄像水平摇摄获得的影像,基于平移运动模型,他们使用等距离匹算法进行图像匹配来生成柱面全景图像,并采用二分法可以有效地估算摄像的焦距长度。

对于移动摄像的情形,Wood 等提出了一种称为多透视全景图像(multi perspective panorama)的方法。根据相机在三维环境中的行走路径,将在二维环境中拍摄的多幅图像结合起来,构成一幅多透视全景图像,实现了在固定路径的漫游。

实时图像全景拼接技术涉及计算机图形学、图像处理、计算机视觉、模式识别、人工智能等众多学科及领域,因此,开展快速、高精度、自动化程度高的图像拼接技术研究具有重要的理论意义和实用价值。

8.2　全景拼接的并行化实现

本节针对实时图像全景拼接问题,提出了一种 DSP 和 FPGA 协同处理的图像全景拼接系统。该系统采用高性能定点 DSP TMS320C6455 负责畸变校正、图像拼接参数计算，以及与上位机通信等任务，FPGA 则完成图像实时采集和传输的逻辑控制、图像预处理以及协助 DSP 完成图像拼接等任务。本节对系统设计中面临的多相机图像同步接收、灰度一致性校正、畸变校正和拼接等问题进行了分析，并给出了解决方法。

8.2.1 系统结构框图

6 个分别安装朝向前、后、左、右、上、下的红外相机所获取的图像，经过并行处理后，需要分别显示前半球、后半球，以及任意指定视线角的任意视场。场景相对于相机可认为处于无穷远位置。经处理后显示的图像应该无缝平滑。

由于 6 个相机之间没有同步，即图像输出的行、场及像素时钟等相互之间没有确定的同步关系，因此除了要选择适用的存储器件，还要考虑选用合理的策略使多相机输出的图像数据能正确地被同步接收。

全景拼接硬件结构如图 8.1 所示。

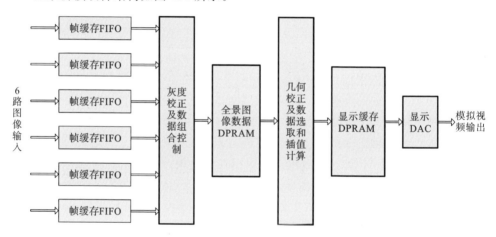

图 8.1　全景拼接硬件结构框图

其中，帧缓存时序控制、数据组合控制和显示 DAC 时序控制可由 FPGA 完成，灰度校正的参数控制可由 DSP 完成。

8.2.2 系统硬件平台

综合上面的方案设计，本系统的整体结构如图 8.2 所示。

6 路相机送入的图像先分别存在 6 路 FIFO 中，再依次搬运到图像缓存 DPRAM 中。在 DSP 和 FPGA 协同处理下完成图像的畸变校正和拼接，处理后的结果图像存在显示 DPRAM 中，最后送给视频转换芯片 ADV7123 转换为模拟信号显示在监视器上。

整个系统中，FPGA 处于数据交换的核心地位，其内部包含多个功能模块，其结

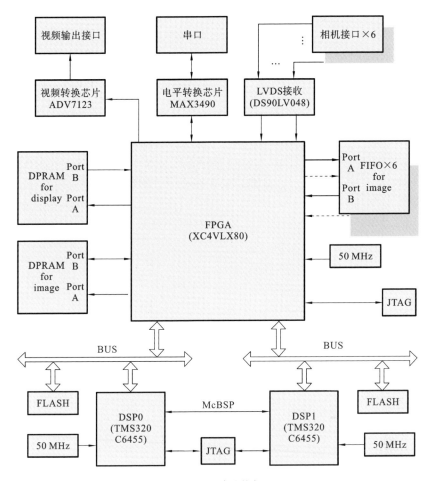

图 8.2　系统结构框图

构如图 8.3 所示。

8.2.3　图像畸变校正和拼接的 DSP/FPGA 协同处理

　　整个全景图像拼接系统分为相机标定、畸变校正和图像拼接等 3 个部分。其中相机标定系统在全景图像设备出厂前,用于对安装好的 6 个相机进行标定,测量相机的内外参数。畸变校正算法将不符合理想相机成像模型的畸变图像校正为符合针孔成像(理想相机成像)模型的图像。图像拼接系统在物空间坐标系和像素坐标系中进行坐标变换,并根据用户的输入,输出任意视线角、任意视场角的仿真图像。在这 3 个系统中,这里主要研究畸变校正和图像拼接这两个与图像处理相关的系统。

1. 畸变校正算法

　　图像在成像时往往会有难以避免的几何畸变。几何畸变按照畸变的方式,可分

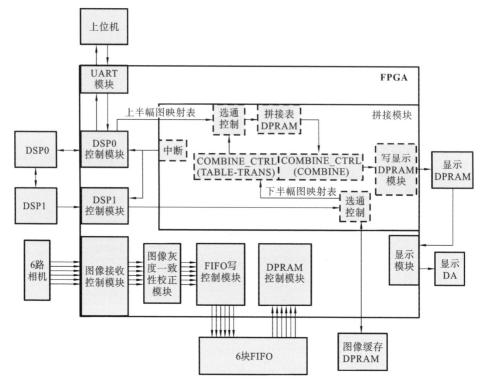

图 8.3　FPGA 结构框图

为线性畸变和非线性畸变两种:① 线性畸变通常是由于成像靶面与被测面不平行产生的;② 由于加工误差和装配误差的存在,相机光学系统与理想的小孔透视模型(pin-hole model)有一定的差别,从而使得物体点在相机图像平面上实际所成的像与理想成像之间存在不同程度的非线性光学畸变,人们通常把这种非线性变形称为非线性畸变。为了提高图像检测、模式匹配等定量分析的准确性,必须对这一类畸变进行修正,其修正方法一般是先在原模型关系中引入反映畸变影响的修正参数,然后基于控制点或其他方法求解修正系数来对图像进行校正。

图像的几何畸变校正指导思想就是以某一幅图像为基准,去校正另一种摄入方式的图像。通过几何变换可以校正失真图像中的各像素位置以重新得到像素间原来的空间关系。几何畸变校正主要包括空间坐标变换和灰度插值校正两个步骤。当各个畸变参数已知时,即可进行畸变校正。第一步是空间坐标变换,用于对理想图像所在的坐标空间进行几何变换,使理想图像上的像素点与实际图像上的点对应起来。第二步是进行灰度插值校正。因为变换后的点不可能总是落在实际图像的像素点上,所以需要根据实际图像上该点附近各像素点的灰度值来估计该点的灰度值,从而得到与之对应的理想图像上像素点的灰度值。

2. 成像畸变模型

理想小孔成像数学模型如式(8.1)所示。

$$s \cdot m = A[R|t] \cdot M \tag{8.1}$$

$$s \begin{bmatrix} u \\ v \\ 1 \end{bmatrix} = \begin{bmatrix} f_x & 0 & c_x \\ 0 & f_y & c_y \\ 0 & 0 & 1 \end{bmatrix} \cdot \begin{bmatrix} r_{11} & r_{12} & r_{13} & t_1 \\ r_{21} & r_{22} & r_{23} & t_2 \\ r_{31} & r_{23} & r_{33} & t_3 \end{bmatrix} \cdot \begin{bmatrix} X \\ Y \\ Z \\ 1 \end{bmatrix} \tag{8.2}$$

式中：(X,Y,Z) 是一个点的世界坐标；(u,v) 是点投影在图像平面的坐标，以像素为单位；A 称为相机矩阵或内参数矩阵；(c_x,c_y) 是基准点（通常在图像的中心）；f_x、f_y 是以像素为单位的焦距。所以，如果因为某些因素对来自相机的一幅图像进行升采样或降采样，那么这些参数（如 f_x、f_y、c_x、c_y）都将被放缩（乘或除）同样的尺度。内参数矩阵不依赖场景的视图，一旦被计算出来，就可以重复使用（只要焦距固定）。旋转-平移矩阵 $[R|t]$ 称为外参数矩阵，用来描述相机相对于一个固定场景的运动，或者是物体围绕摄像机的刚性运动。也就是说，$[R|t]$ 将点 (X,Y,Z) 的坐标变换到某个坐标系上，该坐标系相对于相机来说是固定不变的。

然而，实际使用的镜头通常存在畸变，为了进行全景拼接，需要进行畸变校正。畸变校正的目的在于校正由于成像系统不符合理想小孔成像数学模型而导致的非线性畸变。常见的非线性畸变通常有径向畸变、切向畸变和薄透镜畸变，如图 8.4 所示。

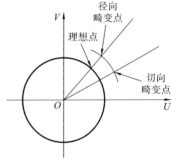

图 8.4 常见非线性畸变示意图

径向畸变通常在光学设计时可以校正到一定程度，但这往往不能满足精度要求，尤其是在大视场的系统残余量会对结果产生一定影响。径向畸变主要是由于组成相机光学系统的透镜组不完善造成的。透镜系统的远光轴区域的放大率与光轴附近的放大率不同，使得图像中的点向内（远光轴区域的放大率比光轴附近的大）或向外（远光轴区域的放大率比光轴附近的小）偏离光轴中心，这种偏离是关于圆对称的。前者称为枕形畸变（也称正畸变），后者称为桶形畸变（也称负畸变）。正方形经畸变后所成的图像决定了畸变的名称，如图 8.5 所示。

切向畸变主要是由实际光学系统非轴对称因素引起的，如光学材料不均匀、光学零件局部变形、光学系统中零件安装位置与光轴不对称等。所以切向畸变主要是由加工造成的。

薄透镜畸变是由透镜设计、生产的不完善和相机装备的不完善（如一些透镜或者图像传感矩阵发生轻微的倾斜）所引起的。这种畸变可以采用在光学系统中添加薄

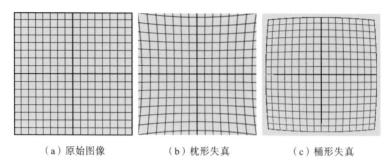

(a) 原始图像　　　　　(b) 枕形失真　　　　　(c) 桶形失真

图 8.5　典型径向失真

透镜的方式来加以修正,但这将引入额外的径向和切向畸变。

切向畸变、薄透镜畸变的影响通常只在廉价成像设备中较为严重,并且一般认为,在短焦距光学镜头中,径向畸变起主要作用,而切向畸变和薄透镜畸变则影响较小,因此本项目中将只考虑径向畸变的校正。在只考虑径向畸变时,光学镜头可认为是各向同性,而且物像空间媒质均匀,图像的失真程度是关于光学中心对称的,即在光学中心处畸变量为零,在其他位置,畸变量随着像元位置和光学中心的距离变化而变化,在以光学中心为圆心、半径相等的圆周上,畸变量是不变的。

径向畸变产生的影响可用如下数学模型描述:

$$\begin{cases} x' = x(1 + k_1 r^2 + k_2 r^4) \\ y' = y(1 + k_1 r^2 + k_2 r^4) \end{cases} \tag{8.3}$$

式中:$r^2 = x^2 + y^2$;k_1、k_2 为径向畸变系数;(x, y) 是理想图像坐标值,(x', y') 是畸变后的坐标值。

(x', y') 畸变后的坐标值变换至以像素为单位的图像坐标系为

$$\begin{cases} u = f_x \cdot x' + c_x \\ v = f_y \cdot y' + c_y \end{cases} \tag{8.4}$$

可见,求解径向畸变模型的关键在于求解径向畸变系数 k_1、k_2。

3. 畸变校正算法流程

前面提到过畸变校正一般可以分为两个步骤:空间坐标变换和灰度插值校正。对于灰度插值校正,通常采用二维插值的方式得到变换后点的适当灰度值。因此,不同畸变校正方法的区别在于所采用的空间坐标变换手段不同。

在只考虑径向畸变的情况下,畸变情况在距离图像中心相同半径的点上与点的方向无关,因此可以将畸变分解为 X、Y 方向上的两个一维插值问题,插值的方法如图 8.6 所示。

图 8.6 中,α 为相机的水平或垂直视场角,β 为物空间中的点与光轴轴心的连线与光轴间的夹角,H 为在没有任何畸变时,物空间点所对应的成像点在 X 或 Y 方向上距图像中心的距离。

前面的讨论指出,短焦距(广角)光学镜头中,径向畸变起主要作用,因此,可以使用前面提出的径向畸变模型来进行畸变校正。径向畸变校正的关键在于求解畸变参数 k_1、k_2,以及相机的内参数矩阵。这些参数的求取可以通过相机的标定完成。在标定得到需要的参数后,可按照式(8.3)及式(8.4)来完成畸变校正中的空间坐标变换。

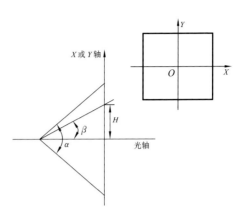

图 8.6　插值畸变校正示意图

4. 图像拼接算法

图像拼接的任务是把多幅不同视点的图像按一定的方式拼接为一幅能反映场景 360° 视角的合成图像,并生成任意视线和任意视场角下的仿真图像,使用户能获得身临其境的体验。进行图像拼接时,6 个输入相机的姿态参数是已知的,并且输入图像经过几何校正,其成像过程符合针孔成像原理。因而,图像拼接算法的重点在于建立 6 幅图像之间的坐标变换关系,研究如何生成任意视线、任意视场角的仿真图像,研究全景图像的投影算法。

5. 物空间坐标系与像素坐标系之间的转换

研究图像拼接算法,首先需要明确相关坐标系的定义和转换关系。本节将涉及物空间坐标系、像空间坐标系和像素坐标系相关内容。6 个相机的投影中心是重合的,因而我们定义物空间坐标系 $O\text{-}XYZ$ 的原点 O 位于 6 个相机投影中心上,物空间坐标系的 OX 轴指向正北,OY 轴竖直向上,OZ 轴指向正东,坐标系的单位长度为 1 m。像空间坐标系 $S\text{-}XYZ$ 和像素坐标系 $o\text{-}xy$ 是与每个相机关联的,一个相机的像空间坐标系 $S\text{-}XYZ$ 的原点 S 位于相机的投影中心,SX 轴为光轴,指向物体,SY 平行于成像平面,指向成像平面的上方,SZ 平行于成像平面,指向成像平面的右方,单位长度为 1 m。像素坐标系 $o\text{-}xy$ 的原点 o 位于图像的左上方,ox 轴水平向右,oy 轴竖直向下,单位长度为一个像素。上述三个坐标系如图 8.7 所示。

设点 $P(X,Y,Z)$ 是物空间坐标系 $O\text{-}XYZ$ 中一点的坐标,S 是相机投影中心在坐标系 $O\text{-}XYZ$ 中的坐标,$\overrightarrow{SX}$、$\overrightarrow{SY}$、$\overrightarrow{SZ}$ 分别是坐标系 $S\text{-}XYZ$ 中的三个坐标轴在物空间坐标系中的单位向量表示形式,则点 P 在像空间坐标系中的坐标 $P'(t_x,t_y,t_z)$ 可由式(8.5)求得。

$$\begin{cases} t_x = \overrightarrow{SP} \cdot \overrightarrow{SX} \\ t_y = \overrightarrow{SP} \cdot \overrightarrow{SY} \\ t_z = \overrightarrow{SP} \cdot \overrightarrow{SZ} \end{cases} \tag{8.5}$$

其中,向量 $\overrightarrow{SP}$ 是由相机投影中心 S 指向点 P 的向量,$\overrightarrow{SP} = \overrightarrow{P} - \overrightarrow{S}$。如果需要知道点

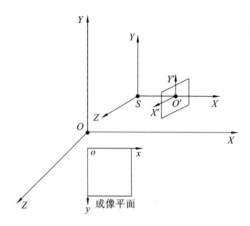

图 8.7　物理空间坐标系、像空间坐标系和像素坐标系

P 在像素坐标系中的坐标 $P(x,y)$，则需要知道相机的内参数。这些内参数包括相机的视场角（$\alpha \times \beta$）、成像器的像素数（$l_{\alpha} \times l_{\beta}$）。当已知上述参数时，$P(x,y)$ 可由式（8.6）和式（8.7）求得。

$$x = \frac{\dfrac{\overrightarrow{SP} \cdot \overrightarrow{SZ} |\overrightarrow{So'}|}{\overrightarrow{SP} \cdot \overrightarrow{SX}}}{\underbrace{2|\overrightarrow{So'}| \tan \dfrac{\alpha}{2}}_{l_{\alpha}}} + \frac{l_{\alpha}}{2} = \frac{l_{\alpha}}{2\tan \dfrac{\alpha}{2}} \cdot \frac{\overrightarrow{SP} \cdot \overrightarrow{SZ}}{\overrightarrow{SP} \cdot \overrightarrow{SX}} + \frac{l_{\alpha}}{2} = k_{\alpha} \frac{t_z}{t_x} + \frac{l_{\alpha}}{2} \tag{8.6}$$

$$y = -\frac{\dfrac{\overrightarrow{SP} \cdot \overrightarrow{SY} |\overrightarrow{So'}|}{\overrightarrow{SP} \cdot \overrightarrow{SX}}}{\underbrace{2|\overrightarrow{So'}| \tan \dfrac{\beta}{2}}_{l_{\beta}}} + \frac{l_{\beta}}{2} = -\frac{l_{\beta}}{2\tan \dfrac{\beta}{2}} \cdot \frac{\overrightarrow{SP} \cdot \overrightarrow{SY}}{\overrightarrow{SP} \cdot \overrightarrow{SX}} + \frac{l_{\beta}}{2} = -k_{\beta} \frac{t_y}{t_x} + \frac{l_{\beta}}{2} \tag{8.7}$$

式中：$k_{\alpha} = \dfrac{l_{\alpha}}{2\tan \dfrac{\alpha}{2}}$、$k_{\beta} = -\dfrac{l_{\beta}}{2\tan \dfrac{\beta}{2}}$ 分别为相机的水平和垂直放大系数。如果已知相机

投影中心 S，像空间坐标系 3 个坐标轴 SX、SY、SZ 在物空间坐标系中的坐标和物点 P 在像素坐标系中的坐标 $P(x,y)$，则

$$P(x,y) = (l, t_y, t_z)^{\mathrm{T}} \cdot l + S \quad (l > 0) \tag{8.8}$$

式中：向量 (l, t_y, t_z) 是射线的方向；l 为标量，其值表示点 P 在射线上的位置，但由于投影时三维信息的丢失，l 的取值无法确定；S 为相机的投影中心；t_z、t_y 可分别由式（8.9）和式（8.10）求得。

$$t_z = \left(x - \frac{l_{\alpha}}{2} \right) \bigg/ k_{\alpha} \tag{8.9}$$

$$t_y = \left(\frac{l_{\beta}}{2} - y \right) \bigg/ k_{\beta} \tag{8.10}$$

由上面的讨论可知,当已知相机投影中心 S、像空间坐标系 3 个坐标轴 SX、SY、SZ 在物空间坐标系中的坐标时,则可以通过物点 P 在物空间坐标系中的坐标和在像素坐标系中的坐标中的一个解算出另一个。

在相机的外参数中,投影中心 S 确定了相机的位置,而 SX、SY、SZ 这 3 个坐标轴确定了相机的姿态。在描述相机姿态时,还有另外一种方法,即使用相机的 3 个姿态角:航向角、俯仰角和滚动角。这三个角的定义如下:SX 轴在 $O\text{-}XZ$ 平面的投影与 OX 轴的夹角称为航向角,由 OX 轴逆时针方向转至投影线方向时为正,反之为负;SX 轴与 $O\text{-}XZ$ 平面的夹角称为俯仰角,SX 轴在 $O\text{-}XZ$ 平面之上则为正,反之为负;SY 轴与包含相机光轴 SX 的垂直平面的夹角称为滚动角,从 S 沿 SX 轴正方向看去,SY 轴由垂直平面向右滚转时形成的夹角为正,反之为负。

6. 任意视线角、视场角图像生成算法

当给定一个相机的视线角和视场角时,我们可以确定相机的内外参数,从而可根据前面公式进行物空间坐标系和像素坐标系之间的坐标变换。在确定任意视线角和视场角图像上某一个像素的灰度值时,可以根据该像素点的像素坐标 (x,y) 和式 (8.8) 计算出该像素点对应的射线方程。给射线方程中的 l 赋予一个任意值,则可以得到物点 P 在物空间坐标系中的坐标。然后,通过式 (8.6) 和式 (8.7) 计算物点 P 在各个输入相机中的像素坐标。若其像素坐标在输入相机的图像尺寸内,则取该图像中对应像素的灰度值为相机对应像素的灰度值。在上述过程中,由于相机的投影中心在物空间坐标系的原点上,与输入的 6 个相机的投影中心重合,因而点 P 在射线上的位置不影响最后的结果。

上述确定任意视线角、视场角图像像素灰度值的过程是图像生成算法的主要原理,下面将算法的详细流程叙述如下:

第 1 步,输入 6 个相机的图像;

第 2 步,输入相机的内外参数;

第 3 步,设定像素点 (x,y) 为相机图像的左上点;

第 4 步,根据式 (8.8) 计算出像素点 (x,y) 对应的射线方程,给射线方程中的 l 赋予一个任意值,得到像素点 (x,y) 对应的物点 P 在物空间坐标系中的坐标 (X,Y,Z);

第 5 步,根据式 (8.6) 和式 (8.7) 计算物点 P 在各个输入相机中的像素坐标 (x_i,y_i);

第 6 步,判断 (x_i,y_i) 是否在第 i 个相机的图像范围内,若在,则把像素点 (x_i,y_i) 的灰度值赋给像素点 (x,y);

第 7 步,判断 (x,y) 是否为相机图像的右下点,若是,则算法结束;否则 (x,y) 按从左到右、从上到下的顺序遍历到图像的下一个像素点,并转第 4 步。

根据上述算法我们就得到了任意视线角、视场角相机的图像。图 8.8 所示的是对立方体场景采用本算法所生成的仿真图像。从图像中可以看出,不同图像之间的接缝处拼合完好,视觉效果逼真。

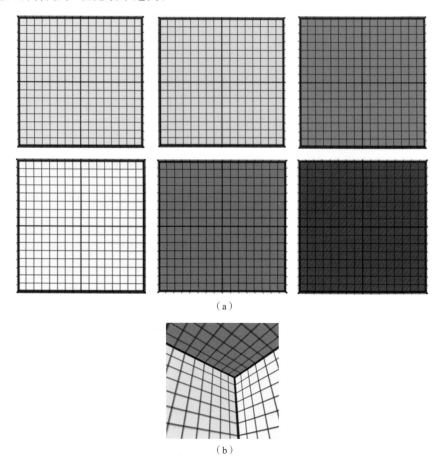

（a）

（b）

图 8.8　任意视线角、视场角图像生成算法示意图

（a）输入的 6 个相机的图像；（b）俯仰角 34°、航向角－38°、滚动角 0°、视场角 50°的仿真

7. 全景图像显示算法

全景图像的显示算法,就是把输入的 6 幅图像所表达的场景显示到 1 或 2 幅图像上,使人能直观地看到 360°范围内的场景。下面介绍 3 种投影方法,它们分别是鱼眼相机投影方法、半球投影方法和圆柱投影方法。下面分别介绍这 3 种全景图像投影方法。

（1）鱼眼投影方法。鱼眼投影法使用任意视线角、视场角方法,将相机的视场角参数设定到接近 180°,获得不含图像畸变的鱼眼镜头仿真图作为场景的全景图像。该投影方法将场景投影到前后两个图像上。图 8.9 所示的是不同视场角参数下立方体场景的全景投影图。从图中可以看出,鱼眼投影没有畸变。当视场角较大时,上、下、左、右这 4 个侧面面积被过分放大,导致前、后两个面被压缩,无法看清。当视场角较小时,投影的面积放大效应可以接受,但无法看全整个场景。

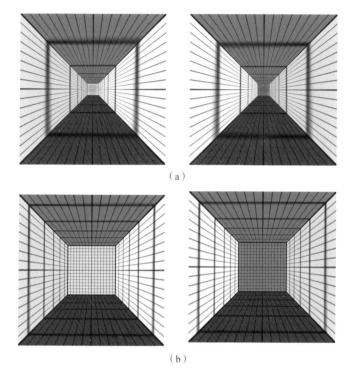

(a)

(b)

图 8.9　立方体场景不同视场角鱼眼投影

(a) 170°视场角鱼眼投影;(b) 144°视场角鱼眼投影

(2) 半球投影方法。如果把 6 幅图像表达的场景当作一个球面,则 6 个相机是在球心从不同方向看向球的内面。半球投影的原理如图 8.10 所示,图中点 S 是半球投影的投影中心,O 是物空间坐标系的原点,也是 6 个相机的投影中心,平面 CD 为半球投影的投影平面。半球投影平面上的点 F 对应于场景中的点 G。研究半球投影的关键问题就是研究点 F 到点 G 的变换关系。

设点 F 的像素坐标为 (x,y),则可以根据式(8.8)得到射线 SF 的参数方程。又点 G 也在射线 SF 上,则有如下方程成立。

$$G=\begin{bmatrix}\overrightarrow{SX} & \overrightarrow{SY} & \overrightarrow{SZ}\end{bmatrix}(l,t_y,t_z)^{\mathrm{T}} \cdot l_G+S \qquad (8.11)$$

式中:t_y,t_z 可以通过下式求得。

$$t_z=\left(x-\frac{l_a}{2}\right)\bigg/k_a=2\left(x-\frac{l_a}{2}\right)\bigg/l_a m \qquad (8.12)$$

$$t_y=\left(\frac{l_\beta}{2}-y\right)\bigg/k_\beta=2\left(\frac{l_\beta}{2}-y\right)\bigg/l_\beta m \qquad (8.13)$$

式中:m 为线段 OS 与半径 OB 的比值。式(8.11)中的 l_G 为点 G 在直线 OS 上的投影长度。它可以通过式(8.14)求得。

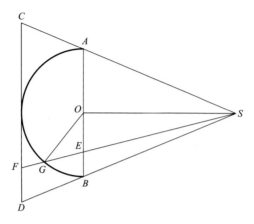

图 8.10   半球投影原理图

$$l_G = mr \left[\frac{1}{\sqrt{1+t_y^2+t_z^2}} + \sqrt{\frac{1}{m^2} - \frac{t_y^2+t_z^2}{1+t_y^2+t_z^2}} \right] \frac{1}{\sqrt{1+t_y^2+t_z^2}} \tag{8.14}$$

式中:r 为半球的半径。把式(8.12)至式(8.14)代入式(8.11)中就可以求得点 G 的物理空间坐标。然后把该坐标代入式(8.6)、式(8.7)中就可求得点 G 的像素坐标。半球投影算法的详细流程如下:

第 1 步,输入 6 个相机的内外参数和图像;

第 2 步,输入参数 m、r 和投影中心 S,以及投影方向;

第 3 步,设定像素点 (x,y) 为投影图像的左上点;

第 4 步,根据式(8.11)计算出像素点 (x,y) 对应的点 G 在物空间坐标系中的坐标 (X,Y,Z);

第 5 步,根据式(8.6)和式(8.7)计算物点 G 在各个输入相机中的像素坐标 (x_i, y_i);

第 6 步,判断 (x_i, y_i) 是否在第 i 个相机的图像范围内,若在,则把像素点 (x_i, y_i) 的灰度值赋给像素点 (x,y);

第 7 步,判断像素点 (x,y) 是否在投影图像的右下方,若在,则算法结束;否则 (x,y) 按从左到右、从上到下的顺序遍历到图像的下一个像素点,并转第 4 步。

图 8.11 是立方体场景的前后半球投影图,从图中可以看到,半球投影有一定的畸变,但侧面和前面的失真不严重。

(3)圆柱投影方法。圆柱投影法假想 6 幅图像表达的场景外有一个对称轴中心在 6 相机投影中心处的圆柱,投影的中心就是对称轴的中心,将场景投影到圆柱的侧面上,然后将侧面展开,就可以得到圆柱投影图。如图 8.12 所示,物空间坐标系的原点 O 与圆柱投影的投影中心 S 重合,$\angle AOB$ 称为圆柱投影的垂直视场角。对于投影面上的一个像素点 (x,y),其对应的物点 F 的物空间坐标可由式(8.15)求得。

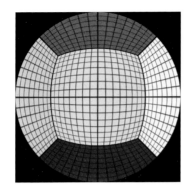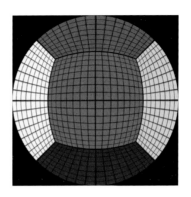

图 8.11　立方体场景半球投影图

$$F=\begin{bmatrix}\vec{SX} & \vec{SY} & \vec{SZ}\end{bmatrix}\left(\cos\frac{x\pi}{l_{\alpha}},t_y,\sin\frac{x\pi}{l_{\alpha}}\right)^{\mathrm{T}}\cdot l_F$$

$$(8.15)$$

式中:l_F 为一标量,表示$\vec{SF}$在平面 $O\text{-}XY$ 上的投影长度,由于点 O 和 S 重合,其取值不影响最后的投影结果;t_y 可以通过式(8-16)求得。

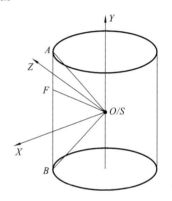

$$t_y=\left(\frac{l_{\beta}}{2}-y\right)\Big/k_{\beta}=2\left(\frac{l_{\beta}}{2}-y\right)\Big/\frac{l_{\beta}}{2\tan\frac{1}{2}\angle AOB}$$

$$(8.16)$$

图 8.12　圆柱投影原理图

通过式(8.15)就可以求得点 F 的空间坐标,然后代入式(8.6)、式(8.7)就可以求得对应输入相机上的像素坐标了。圆柱投影算法的详细流程如下:

第 1 步,输入 6 个相机的内外参数和图像;

第 2 步,输入圆柱投影的垂直视场角、图像大小及投影方向;

第 3 步,设定像素点(x,y)为投影图像的左上点;

第 4 步,根据式(8.15)计算出像素点(x,y)对应的点 F 在物空间坐标系中的坐标(X,Y,Z);

第 5 步,根据式(8.6)和式(8.7)计算物点 F 在各个输入相机中的像素坐标(x_i, y_i);

第 6 步,判断(x_i,y_i)是否在第 i 个相机的图像范围内,若在,则把像素点(x_i,y_i)的灰度值赋给像素点(x,y);

第 7 步,判断像素点(x,y)是否在投影图像的右下方,若在,则算法结束;否则(x,y)按从左到右、从上到下的顺序遍历到图像的下一个像素点,并转第 4 步。

图 8.13 是对立方体场景进行圆柱投影后得到的图像。从图中可以看到,当垂直

视场角过大时,圆柱投影在顶面和底面上有较大的畸变,且顶面和底面的面积被放大过多,导致前、后、左、右各面被压缩。当垂直视场角较小时,畸变现象减轻,但整个场景的顶面和底面显示不完整。

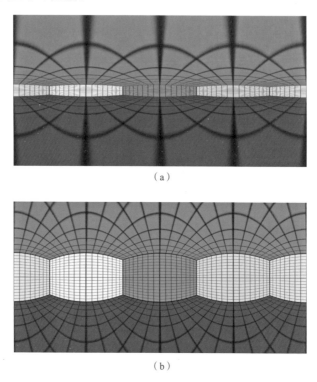

（a）

（b）

图 8.13　立方体场景不同视场角圆柱投影图

（a）170°垂直视场角圆柱投影图；（b）144°垂直视场角圆柱投影图

8.2.4　并行化实现

为避免拼接图像中出现空洞,本系统采取"逆向"数据生成,即从目的图像开始遍历,针对目的图像的每个像素,从原始缓存数据中选取并进行插值,拼接和校正如图8.14 所示。

图 8.14　图像畸变拼接和校正示意图

根据图像畸变拼接和校正算法的特点,畸变校正后的图像并不需要实际求得,而是作为中间变量。根据拼接算法可以得到目的图像每一个像素对应的畸变校正后图像对应的坐标值,再根据畸变校正算法逆过程求得畸变校正前图像对应的坐标值,最后进行数据选取。

1. 系统结构

图像畸变拼接和校正部分的系统结构如图 8.15 所示。

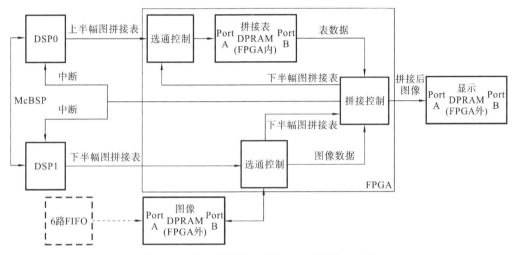

图 8.15　图像畸变拼接和校正部分系统结构图

DSP 接收上位机发送过来的方位角、俯仰角、视场角及投影方式等参数,计算拼接后的虚拟场景视图中每一个像素在畸变校正后图像中的坐标值,再通过畸变校正逆运算得到原始图像坐标值。因为原始的 6 幅图像有重叠的视场区,虚拟场景视图中像素对应原图的坐标值可能有几个,为了便于后面的计算,我们取其中的某一个坐标值。计算得到的坐标值一般都不是整数,为了方便操作,我们采用最近邻法,取最靠近的整数坐标值代替。坐标值和外部 DPRAM 地址是一一映射的关系,通过相应的映射,可以把坐标值都转换为 DPRAM 地址值。这样 DSP 会生成一个拼接表,其大小与视场角参数相关,表里面的每一个元素就是虚拟场景视图中对应像素在 DPRAM 中的地址值。当 FPGA 给出中断信号时,DSP 响应中断,将拼接表写入 FPGA 内部开辟的 DPRAM 中。本系统采用 2 片 TMS320C6455,分别完成拼接表的前、后部分的计算,2 片 DSP 并行处理可以缩短计算时间,提高整个系统的实时性。

FPGA 完成图像拼接的最后一步:FPGA 按递增地址读取拼接表 DPRAM,得到的数据作为地址读图像 DPRAM,得到的数据按地址递增写入外部显示 DPRAM 中。显示 DPRAM 存储的就是虚拟场景视图。

2. DSP 完成的工作

(1) DSP 流程。为了保证图像拼接的实时性,图像全景拼接系统中使用了 2 片

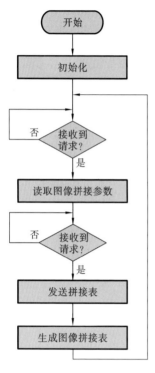

图 8.16　DSP 处理流程

DSP(TI 公司的 TMS320C6455)芯片,分别记做 DSP0、DSP1。DSP0 承担上半幅图像的拼接工作,DSP1 负责下半幅图像的拼接工作。2 片 DSP 内部均要开辟的专用存储区间包括畸变校正映射表(8 Mb)、图像拼接参数列表(256 b)、图像拼接表(4 Mb),而所选用的 TMS320C6455 总的内部 RAM 资源为 16 Mb,实际运行能满足存储资源要求。

2 片 DSP 的工作流程基本一样,其主要功能包括 DSP 系统初始化、图像拼接参数的读取、图像拼接表的生成和发送。DSP 的详细处理流程如图 8.16 所示。

(2) DSP 系统初始化。系统加电之后 DSP 系统自动进行初始化工作。在 DSP 的外设配置完毕之后,DSP 读取预先存储在非易失性存储器(FLASH)中的 6 个相机的内参数和外参数,根据畸变校正算法生成图像畸变校正表。图像畸变校正即将校正前图像的像素映射到校正后的图像对应坐标上。为操作简单,计算的坐标值均采用最近邻法取整数,故图像畸变校正表里存储的是图像中每个像素在畸变校正前后的地址对应关系。每片 DSP 要存储整个畸变映射表,其大小为 $512 \times 512 \times 32$ b$=8$ Mb。

(3) 图像拼接参数的读取。DSP 系统初始化完成之后,进入图像拼接主程序。DSP0 和 DSP1 在图像拼接参数的获取上稍有不同。DSP0 接收到 FPGA 给出的串口中断后,响应中断,从 FPGA 内的 FIFO 中读取图像拼接表参数,更新 DSP0 内部的图像拼接参数列表,并通过 McBSP 将获得的参数发送给 DSP1,发送完成后 DSP0 进入生成图像拼接表流程。DSP1 接收到 DSP0 通过 McBSP 发送过来的图像拼接参数,更新 DSP1 内部的图像拼接参数列表,然后进入生成图像拼接表流程。

图像拼接参数包括拼接结果图像显示模式、偏航角、俯仰角和视场角等。为了满足系统多样性的需求,图像拼接系统提供了两类共 7 种可供选择的模式:一类是漫游视场模式;另一类是半球视场模式。其中半球视场模式根据投影方式,可分为圆柱投影模式前(后)、鱼眼投影模式前(后)和球面投影前(后)。在漫游视场模式中,图像拼接参数均来自上位机,而在其他模式中,仅拼接结果图像显示模式来自上位机,偏航角为 $0°$ 或 $180°$,俯仰角为 $0°$,视场角为 $180°$。

(4) 拼接表的生成和发送。DSP0 和 DSP1 在图像拼接表的生成和发送流程上基本是一样的。DSP 在收到 FPGA 送出的发送拼接表中断后,响应中断,启动 EDMA 传输,将存储在 DSP 内部的图像拼接表通过 EMIFA 口送出,同时根据图像拼接参数列表内的拼接参数开始新一轮的图像拼接表计算。

图像拼接参数不一样会使生成拼接表所需的时间不一样。生成漫游视场拼接表的实时性最高,单个 DSP 生成半幅图像拼接表所需时间约为 30 ms;生成球面投影视场的拼接表花费的时间最长,约为 1 s。

3. FPGA 完成的工作

(1) 时间分片寄存器 f_count 的产生。FPGA 主导整个图像畸变校正和拼接的控制。为了便于操作,在 FPGA 内生成了一个寄存器 f_count,其作用是将完成一帧图像拼接所需要的 40 ms 进行 10 等分,即 f_count 会从 0 开始,每隔 4 ms 自加 1,加到 9 后再变为 0,如此循环。

f_count 产生方式:使用 FPGA 外部 50 MHz 晶振输入的时钟 FPGA_clk 分频得到一个频率为 250 Hz 的时钟 FCLK;在 FCLK 上升沿对 f_count 判断,若 f_count<9,则 f_count 自加 1,否则,令 f_count=0。

(2) 时间分片的作用。不同的时间片,DSP 和 FPGA 分别完成不一样的工作。DSP 的主要工作为计算拼接表,发送拼接表给 FPGA;FPGA 的主要工作为给 DSP 中断信号让其发送拼接表,完成畸变校正和拼接,以及拼接表的搬运。它们分别在不同的时间片使能。

图 8.17 中各任务只能在对应的电平为高的时候才能执行。当只有 f_count=0 时,DSP0 才能传输上半幅拼接表给 FPGA;只有 f_count＝6 或 f_count＝8 时,FPGA 才能执行拼接。

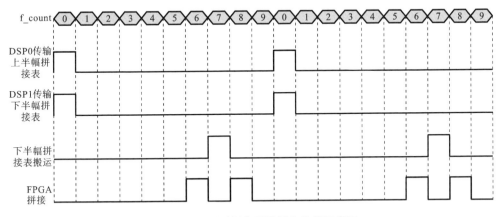

图 8.17　不同时间片不同任务使能示意图

(3) DSP 传输使能阶段。在 f_count=0 开始阶段,FPGA 会给 DSP 一个中断信号,通知 DSP 将拼接表传输给 FPGA。其中 DSP0 将上半幅拼接表传输给 FPGA 内部的拼接表 DPRAM(端口 A),DSP1 将下半幅拼接表通过 FPGA 传输给外部的图像 DPRAM(端口 A)。此时,拼接表 DPRAM 端口 A 的选通控制模块使 DSP0 的数据地址控制信号与拼接表 DPRAM 端口 A 对应的信号接通。同样,图像 DPRAM 端口 A 的选通控制模块使 DSP1 的数据地址控制信号与图像 DPRAM 端口 A 对应的信号接通。DSP0 和 DSP1 此时响应中断,启动 EDMA 传输,将拼接表写到相应的存储空间。

本系统 DSP 使用的是 TI 的 TMS320C6455,其 EMIFA 口的时钟频率配置为 50 MHz,数据位宽配置为 32 位,半幅拼接表的大小为 $512 \times 256 \times 21$ b。这样,每个时钟周期 DSP 能发送拼接表的一个元素,故 DSP 传输完半幅拼接表的时间为 $512 \times 512 \times 20$ ns ≈ 2.62 ms。而 DSP 传输使能阶段有 4 ms,完全能满足要求。

(4)下半幅拼接表搬运使能阶段。下半幅拼接表之所以放在图像 DPRAM 而不是 FPGA 内部的拼接表 DPRAM,是因为整个拼接表很大,选用的 FPGA 的 BRAM 资源不够。拼接表的总大小为 $512 \times 512 \times 21$ b ≈ 5376 Kb,而 FPGA XC4VLX80 内的 BRAM 大小为 3600 Kb,只能存储半幅拼接表。外部图像 DPRAM 除了存储图像外还有多余的存储空间,所以先把下半幅拼接表存储在图像 DPRAM 中,等上半幅图像拼接完成后,再将下半幅拼接表从外部图像 DPRAM 搬运到 FPGA 内拼接表 DPRAM 中,完成下半幅图像的拼接。

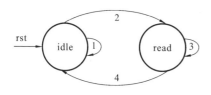

图 8.18　下半幅拼接表搬运状态机跳转图

整个搬运过程由一个状态机完成,如图 8.18 所示。同时,定义了一个标志信号 tran_flag,高电平表示已搬运过;定义了一个 18 位的计数器 tran_count,表示搬运了多少个像素。

(5)FPGA 拼接使能阶段。目的图像按像素从左到右、从上到下编号,对应着拼接表的地址;拼接表的值对应着原始图像的位置,即图像 DPRAM 中的地址。因此,FPGA 完成图像畸变校正和拼接最后一步的过程如下:按地址从 0 开始,以递增的方式读拼接表 DPRAM(端口 B);将拼接表 DPRAM 读得的数据作为地址读图像 DPRAM(端口 B);从图像 DPRAM 读得的数据即是最终需要显示的拼接结果,将其按地址从 0 开始以递增的方式写入显示 DPRAM(端口 A)。

从拼接表 DPRAM 中读出的数据立即要作为读图像 DPRAM 的地址,从图像 DPRAM 中读出的数据立即写入显示 DPRAM。而读外部 DPRAM 有 2 个时钟周期的读延时,读内部 DPRAM 有 1 个时钟周期的读延时,因此各个控制信号的延时设置正确与否至关重要。拼接时序如图 8.19 所示。

图 8.19 中,t_1 表示拼接表 DPRAM 从采到地址到对应的数据出现在数据总线上的延时,其值一般很小,可以忽略不计;t_2 表示图像 DPRAM 从采到地址到相应数据出现在数据总线上的延时,t_2 的最大值为 1 个时钟周期与 4.2 ns 之和。上述操作的时钟频率为 50 MHz,即 1 个时钟周期为 20 ns。考虑到逻辑门延时和传输线延时

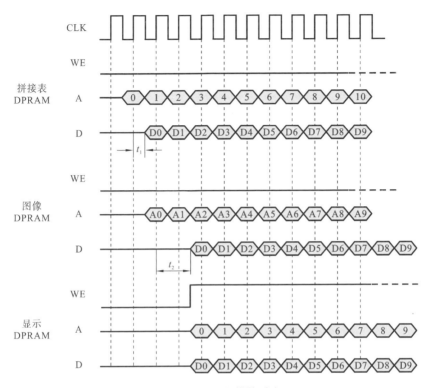

图 8.19　FPGA 拼接时序

之和一般只有几纳秒,故将拼接表 DPRAM 的读延时设置为 1 个时钟周期,图像 DPRAM 的读延时设置为 2 个时钟周期,能给数据留下十几纳秒的裕量,这样数据总线上的数据在时钟上升沿的时候能保持稳定。

f_count＝6 时,拼接上半幅图像;f_count＝8 时,拼接下半幅图像。它们的区别只在于写显示 DPRAM 时的初始地址不一样。显示 DPRAM 为 32 位,一个像素为 8 位,即把 4 个像素拼在一起写入 DPRAM 的一个地址中。显然,f_count＝6 时,写显示 DPRAM 的初始地址是 0H,而半幅图像大小为 $512 \times 256 \times 8$ b＝1024 Kb,所以 f_count＝8 时,写 DPRAM 的初始地址为 8000H。我们可以看出,初始地址的差别仅仅在于第 16 位,所以设计程序时把 DPRAM 的地址分为两部分:低 15 位和其他位。低 15 位的处理与在 f_count＝6 和 f_count＝8 时的处理一样,即从初始地址开始每 4 个时钟周期递增 1;其他位在 f_count＝6 时的值为 0H,在 f_count＝8 时的值为 1H。这样可以使上半幅图像和下半幅图像拼接统一起来,简化操作。

(6) DPRAM 分时复用控制。由图 8.15 可以看出,拼接表 DPRAM 的端口 A 和 B 都分时由 DSP 和 FPGA 控制。下面介绍如何实现 DPRAM 的分时复用控制。由于图像 DPRAM 端口 B 的数据流是双向的,故只介绍图像 DPRAM 端口 B 控制的实现,拼接表 DPRAM 端口 A 的控制是类似的。

图像DPRAM端口B的操作分为3类，即DSP写下半幅图像拼接表、FPGA读图像数据和FPGA读下半幅图像拼接表，它们分时控制图像DPRAM端口B。读或写同步DPRAM涉及的信号有同步时钟CLK、数据总线D、地址总线A、片选信号CE、读写信号R/nW、输出使能信号nOE等。在不同的时间片，它们有不同的源和不同的状态，如表8-1所示。

表8-1 图像DPRAM端口B不同时间片的状态

	DSP写下半幅图像拼接表	FPGA读图像数据	FPGA读下半幅图像拼接表	其他
f_count值	0	6或8	7	其他值
CLK来源	DSP的AECLKOUT	FPGA全局时钟	FPGA全局时钟	无
数据D方向	外部到DPRAM	DPRAM到外部	DPRAM到外部	无
地址A来源	DSP的地址总线	FPGA提供	FPGA提供	缺省值0
CE	1(有效)	1(有效)	1(有效)	缺省值0
R/nW	0(写)	1(读)	1(读)	缺省值0
nOE	1(无效)	0(有效)	0(有效)	缺省值1

DPRAM端口B的操作时钟有2个，分别来自DSP的AECLKOUT和FPGA内全局时钟。AECLKOUT时钟频率为50 MHz，FPGA全局时钟频率也是50 MHz，但是它们同频不同源，这就涉及时钟切换的问题。直接使用二选一组合逻辑可以实现时钟的切换，但是会导致时钟信号的延时和抖动增加，影响信号的质量。Xilinx公司的开发工具ISE提供了时钟二选一的原语BUFGMUX_VIRTEX4，能很好地解决这个问题。

双向数据总线D需要分成2路单向的数据总线data2dpram和data4dpram，其FPGA逻辑实现如图8.20所示。

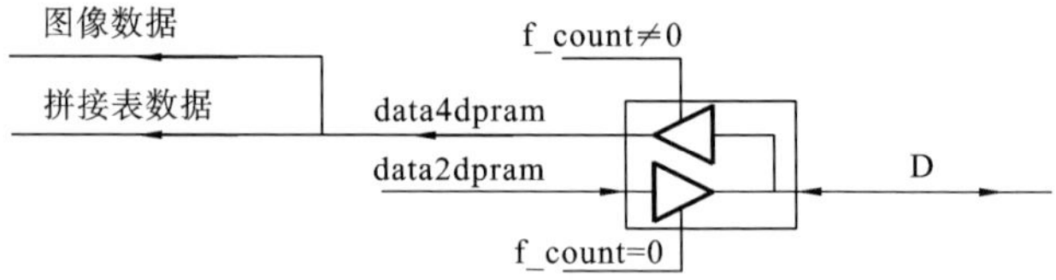

图8.20 双向总线控制器

地址总线A、片选信号CE、读/写信号R/nW、输出使能信号nOE都可以用四选一组合逻辑实现切换，即根据f_count值选择不同的状态，详情可以参见表8-1。

参 考 文 献

[1] IRANI M，PELEG S. Improving Resolution by Image Registration[J]. Graphical Models and Image processings，1991，53(3)：231-239.

[2] IRANI M，ANANDAN P，HSU S. Mosaic-based Representations of Video Sequences and their app lications[C]// In Fifth International Conference on Computer Vision (ICCV'95). MIT，Cambridge，MA，IEEE Computer Society Press，1995，605-611.

[3] WOLF P R. Elements of Photogrammetry [M]. New York：McGraw，Hill，1983.

[4] NAYAR S K. Catadioptric Omnidirectional Camera[J]. Computer Vision and Pattern Recognition (CVPR'97). IEEE Press，Los，Calif，1997，428-488.

[5] SZELISKI R. Image Mosaicing for Tele-Reality Applications[J]. IEEE Computer Society on Applications of Computer Vision (WACV'94)，Sarasota Florida，1994，44-53.

[6] MCMIILAN L，BISHOP G. Plenoptic Modeling：an image-based rendering system [J]. Computer Graphics (ACM SIGGRAPH'95)，2004(8)：39-46.

[7] WU M S，SUN H H，SHUM H Y. Real-time Stereo Rendering of Concentric Mosaics with Linear Interpolation[C]// IEEE/SPIE Visual Communications and Image Processing(VCIP'2000). Perth，2000(6)：23-30.

[8] 吴恩华，刘学慧. 虚拟现实的图形生成技术[J]. 中国图象图形学报，1997，2(4)：205-212.

[9] 蔡勇，刘学慧，吴恩华，等. 基于图象绘制的虚拟现实系统环境[J]. 软件学报，1997，8(10)：721-728.

[10] 张汗灵，郝重阳，樊养余，等. 基于图形与图像的混合绘制技术[J]. 计算机工程与应用，2003，2(8)：101-104.

[11] CHEN S E. QuickTime VR：an image-based approach to virtual environment navigation[C]. In：Proceedings of the ACM S1GGRAPH Conference on Computer Graphics，1995，29-38.

[12] SZELISKI R. Creating Full View Panoramic Image Mosaics and Environment Maps[J]. Proc of ACM SIGGRAPH97，Los Angeles，1997，251-258.

[13] SEITZ S，DYER C. View Morphing[J]. SIGGRAPH'96 Proceedings，1996，21-30

[14] YEHUDA Afek，BRAND A. A two phase digital photo mosaic system[C]. International Conference on Imagilag Science，Systems，and Technology，

1999，151-154.

[15] STEWART C V, ROYSAM B. Robust Hierarchical Algorithm for Constructing a Mosaic from Images of the Curved Human Retina[C]. Proceedings of the IEEE Conference on Computer Vision and Pattern Recognition，Colorado. 1999，23-25.

[16] SHMU H Y, HE L W, qIFA K. Rendering with Concentric Mosaics[C]// 26th Annual Conference Computer Garphics and Interactive Techniques. Los Angeles，USA，1999，299-306.

[17] STEVE C Hsu, HARPREET S SAWHNEY, RAKESH K. Automated Mosaics via Topology Inference[J]. IEEE Computer Graphics and Applications，2002，22(2)：44-54.

[18] TRAKA M, TZIRITAS G. Panoramic View Construction[J]. Signal Processing：Image Communication，2003(18)：465-481.

[19] DAE-HYUN KIM, YONG-IN YOON, JONG-SOO CHOI. An efficent method to build panoramic image mosaics[J]. Pattern Recognition Letters，2003，24(14)：2421-2429.

[20] KANAZAWA Y, KANATANI K. Image mosaicing by stratified matching [J]. Image and Vision Computing, 2004，22(2)：93-103.

[21] 张汗灵，郝重阳，张敏贵，等. 一种全景图像拼合算法[J]. 系统仿真学报，2003，15(6)：895-897.

[22] CHEN S, SHUM H Y, O'Brien J F. Image based rendering and Illumination using spherical mosaics[J]. 2001.

[23] Noirfalise E, Laprest J T, Jurie F, et al. Real-time registration for image mosaicing[J]. In Electronic Proc. of The lath BMVC，University of Cardiff，2002(11)：617-625.

[24] 李学庆，孟祥旭，杨承磊，等. 一个基子球面映射的视景生成系统[J]. 系统仿真学报，2001，11(13)：129-133.

[25] 马向英，杜威，袁晓君，等. 基于图象的室内虚拟漫游系统[J]. 中国图象图形学报，2001，6(1)：86-90.

[26] 齐越，徐玮，李梦君，等. 球面虚拟空间的自由漫游[J]. 小型微型计算机系统，2001，22(7)：793-795.

[27] 唐王进，谷士文，费耀平，等. 全方位全景图像的一种映射方式[J]. 计算机工程，2000，26(8)：95-97.

[28] KIM D H, YONG Y I, KIM S H, et al. Cylindrical panoramic image using simplified projective transform[C]. EUROIMAGE International Conference

on Augmented，Virtual Environments and Three Dimensional Imaging，2001：196-199.

[29] 孙立峰，钟力，李云浩，等. 虚拟实景空间的实时漫游[J]. 中国图象图形学报，1999，4(6)：507-513.

[30] 张茂军，钟力，孙立峰，等. HVS：构造一个虚拟实景空间[J]. 自动化学报，2000，26(6)：736-740.

[31] 漆驰，郑国勤，孙家广. 一个基于全景图的虚拟环境漫游系统[J]. 计算机工程与应用，2001(15)：138-141.

[32] 漆驰，刘强，孙家广. 摄像机图像序列的全景图拼接[J]. 计算机辅助设计与图形学学报，2001，13(7)：605-609.

[33] 曹俊杰，封靖波，苏志勋，等. 全景图像拼接算法[J]. 大连理工大学学报，2003，43(S1)：180-192.

[34] 崔汉国，曹茂春，欧阳清. 柱面全景图像拼合算法研究[J]. 计算机工程，2004，30(16)：158-159.

[35] 张世阳，王俊杰，胡运发. 一种快速全景图像拼接技术[J]. 计算机应用与软件，2004，21(3)：77-79.

[36] SZELISKI R. Creating full view panoramic image mosaics and environment maps[J]. Proc of ACM SIGGRAPH97(Los Angeles)，1997：251-258.

[37] LEVEAU S，FAUGERAS O. 3D Scene Representation as a Collection of Images and Fundamental Matrices[J]. INRIA Technical Report，1994.

[38] 徐丹，鲍歌，石教英. 基于复值小波分解的图象拼合[J]. 软件学报，1998，9(9)：656-661.

[39] STEVE C Hsu，HARPREET S SAWHNEY，RAKESH KAMAR. Automated Mosaics Via Topology Inference[J]. IEEE Computer Graphics and Applications，2002，22(2)：44-54.

[40] HUA SHUNGANG，OU ZONGYING，WANG XIAODONG. Constructing full view panoramic image based on spherical model[J]. Proceedings of SPIE，the Int'1 Conf. On VR and Application in Industry. Tianjin，China. 2003，01(10)，5444：117-122.

[41] CHEN S E. QuickTime VR-an Image-Based Approach to Virtual Environment Navigation[J]. Computer Graphics(SIGGRAPH'95)，1995：29-38.

[42] 钟力，张茂军，孙立峰，等. 360 度柱面全景图象生成算法及其实现[J]. 小型微型计算机系统，1999，20(12)：899-903.

[43] KYUNG H JANG，SOON K J. Constructing cylindrical panoramic image using equidistant matching[J]. Electronics Letters，England，1999,01(35)：

1715-1716.

[44] Wood D N，Finkelstein A，Hughes J F，et al. Multiperspective panoramas for cel animation[J]. Computer Graphics(SIGGRAPH'97)，1997：243-250.

[45] 夏宇闻. Verilog 数字系统设计教程[M]. 2 版.北京：北京航空航天大学出版社，2004.